土壤盐度
诊断与分级研究

迟春明　刘　旭○著

西南交通大学出版社
·成都·

图书在版编目（ＣＩＰ）数据

土壤盐度诊断与分级研究／迟春明，刘旭著. —成都：西南交通大学出版社，2016.7
ISBN 978-7-5643-4807-6

Ⅰ . ①土… Ⅱ . ①迟… ②刘… Ⅲ . ①土壤盐渍度－诊断②土壤盐渍度－分级－研究 Ⅳ . ①S153.6

中国版本图书馆 CIP 数据核字（2016）第 165282 号

土壤盐度诊断与分级研究

迟春明　　刘旭　著

责 任 编 辑	牛　君	
特 邀 编 辑	王雅琴	
封 面 设 计	何东琳设计工作室	

出 版 发 行	西南交通大学出版社 （四川省成都市二环路北一段 111 号 西南交通大学创新大厦 21 楼）
发 行 部 电 话	028-87600564　028-87600533
邮 政 编 码	610031
网　　　址	http://www.xnjdcbs.com
印　　　刷	四川煤田地质制图印刷厂
成 品 尺 寸	165 mm × 230 mm
印　　　张	6.5
字　　　数	86 千
版　　　次	2016 年 7 月第 1 版
印　　　次	2016 年 7 月第 1 次
书　　　号	ISBN 978-7-5643-4807-6
定　　　价	25.00 元

前　言

　　本书为国家自然科学基金项目"基于土壤渗透势-电导率-含水量关系的新疆土壤盐化分级与诊断体系研究（41161037）"的成果总结。全书共分6章：第一章为绪论，阐述了项目设立的依据与意义、研究内容与研究目标及拟解决的关键科学问题，即针对目前我国盐渍土分级体系存在的判断指标不一致的现象，分析其产生的原因，提出解决方法；第二章分析并建立了统一的盐渍土溶液电导率与渗透势换算关系方程，验证了其在土壤盐度分级应用中的可行性与准确性；第三章主要针对国际上普遍采用饱和浸提液电导率作为土壤盐度分级与判断标准的问题，对饱和浸提液电导率的不同获取方法进行了分析比较，验证其在土壤盐度分级与诊断中的准确性；第四章为土壤盐度指标换算关系与影响因素研究，分析了影响土壤盐度指标换算关系的影响因素，阐明了我国不同盐渍土区域以含盐量作为土壤盐度分级标准时存在差异的原因，为建立基于统一含盐量标准的我国土壤盐度分级体系奠定了理论基础；第五章为土壤盐度特征方程研究，建立了由土水比1∶5和1∶2.5浸提液电导率推算任意土壤含水量对应的土壤溶液电导率的土壤盐度特征方程；第六章为基于统一土壤含盐量标准的我国土壤盐度分级体系研究，在前 5 章的基础上，提出推算田间状态土壤含盐量的土壤盐度方程，并建立了基于统一含盐量标准的我国土壤盐度分级体系。希望本书的研究内容与结果能为土壤盐度的分级与诊断相关研究，尤其是土壤盐度原位测定的理论研究与技术应用提供参考和借鉴。

本书的出版得到国家自然科学基金（41161037）和新疆生产建设兵团博士资金项目（2013BB008）的资助，在此表示感谢！

因作者水平有限，书中难免存在缺点和疏漏之处，恳请读者批评指正。

作 者

2016 年 3 月

目　录

第一章 绪 论

一、立项依据与意义

土壤盐化分级是盐渍土相关研究的重要内容之一（USDA，
1954；曾宪修等，1993；Sumner *et al*.，1998；杨劲松，2008）。土
壤盐化分级的目的在于较确切地反映土壤盐化对作（植）物生长发
育的危害程度。完善的土壤盐化分级体系是衡量盐渍土改良效果的
重要依据，在盐渍土的改良利用工作中具有重要意义。因此，许多
国家和机构十分重视土壤盐化分级的研究工作。美国盐土实验室以
土壤饱和浸提液电导率（EC_e）作为盐度指标，根据作物受盐害影
响程度将盐化土壤划分为轻度、中度和重度三个等级（USDA，
1954），目前，该分级方法已被多个国家以及联合国教科文组织
（UNESCO）、世界粮农组织（FAO）采用。苏联则以土壤全盐量为
盐度指标，根据作物产量因盐渍化危害而降低的程度将盐化土壤分
为轻度盐化土壤、中度盐化土壤、重度盐化土壤和盐土四个级别
（柯夫达，1962）。就我国而言，20世纪90年代以前，各地区多按
含盐量（%）与作（植）物生长发育受抑制程度进行土壤盐化分级

（中国土壤学会盐渍土专业委员会，1989）；20 世纪 90 年代之后，曾宪修等（1993）以土壤溶液渗透势（Ψ_s）作为盐度指标，对苏北、河南封丘和宁夏平罗三地的盐渍土进行了分级研究，将盐化土壤划分为轻度、中度和重度三个等级。上述研究成果为今后土壤盐化分级研究奠定了坚实的基础。但这些研究中土壤盐度指标并不一致，以致各种分级体系间无法进行比较。因此，拟定统一的盐度指标是建立和完善可被广泛认可并采用的土壤盐化分级体系的关键。

土壤盐化分级是以土壤盐害对作（植）物生长发育的危害程度为基础。因此，土壤盐度指标应该体现盐害阻碍作（植）物生长发育的作用机制。研究已经证明，土壤盐化条件下，对作（植）物生长发育产生阻碍作用的根本原因是土壤溶液的性质而非土壤全盐量（USDA，1954；Abrol *et al.*，1988；曾宪修等，1993）。盐渍土土壤溶液的盐分总浓度（TEC_s）升高，导致其渗透势（Ψ_s）下降。当土壤溶液的 Ψ_s 低于作（植）物细胞的正常 Ψ_s 时，作（植）物吸水困难，对土壤水分的利用率降低，表现出生理干旱状态，其生长发育速度开始变得迟缓，从而引起作（植）物萎蔫或枯死（USDA，1954；Berntein，1958；Ayers. & Westcot，1985；曾宪修，1987）。因此，土壤盐化条件下，作（植）物对盐度的反应主要取决于土壤溶液的 Ψ_s（Abrol，*et al.*，1988）。土壤溶液的 Ψ_s 是最佳的土壤盐度表征参数。

尽管土壤溶液的 Ψ_s 是表征土壤盐度的最佳参数指标，但溶液 Ψ_s 的测定需要昂贵的仪器（汉克斯等，1984），因而很难普及。比较而言，土壤溶液电导率（EC_s）测定仪器的价格则十分低廉。而土壤

溶液的 Ψ_s 是由 TEC_s 决定的,即

$$\Psi_s = k \times TEC_s$$

式中 k ——与盐分类型有关的常数。

此外,土壤的 EC_s 与 TEC_s 间存在函数关系,即 $TEC_s(\text{mmol}_c \cdot \text{L}^{-1}) \approx k' \times EC_s(\text{dS} \cdot \text{m}^{-1})$ (USDA,1954;石元春等,1986;Amezketa et al., 2005;Chi & Wang,2010)。k' 取值受土壤盐分类型的影响,一般在 10 ~ 12.5。因此,尽管土壤的 EC_s 与 Ψ_s 间存在换算关系,但不同地区间因盐分种类和含量不同,其换算系数可能有差异。

美国盐土实验室的研究结果表明:当溶液温度为 0 ℃ 时,$\Psi_s(\text{MPa}) = -0.036 \times EC_s(\text{dS} \cdot \text{m}^{-1})$ (USDA,1954);当溶液温度为 25 ℃ 时,$\Psi_s(\text{MPa}) = -0.04 \times EC_s(\text{dS} \cdot \text{m}^{-1})$ (Tanji,1990)。付华等(1994)对我国河西走廊地区盐渍化土壤的研究表明:当 $EC_s < 40 \text{ dS} \cdot \text{m}^{-1}$ 时,$\Psi_s(\text{MPa}) = -0.051 \times EC_s + 0.122$;当 $EC_s < 60 \text{ dS} \cdot \text{m}^{-1}$ 时,$\Psi_s(\text{MPa}) = -0.025 \times EC_s^{-1.19}$。如前所述,引起差异的原因是土壤盐分类型或含量的不同,那么,是否可以通过理论方法消除这种差异,建立统一的 $\Psi_s = f(EC_s)$ 方程?

另外,尽管建立统一的 $\Psi_s = f(EC_s)$ 方程可以推算出土壤溶液的 Ψ_s。但是,土壤的 EC_s 随土壤含水量(质量含水量,θ_m)的变化而变化,相应的 Ψ_s 亦随 θ_m 的增减而改变。研究表明,在土壤含盐量不变的情况下,EC_s 与 Ψ_s 均随 θ_m 的增加而降低(曾宪修,1987;曾宪修等,1993)。因此,土壤的盐化程度并不是一个固定数值,而是随

土壤含水量的变化而发生改变的动态数值。如何根据土壤含水量的变化情况准确诊断土壤的盐化程度是盐渍土相关研究中必须解决的关键问题之一。因此，需要建立土壤盐度特征方程。

土壤盐度特征方程是指 EC_s 与 θ_m 间的关系方程，即 $EC_s = f(\theta_m)$，通过 $EC_s = f(\theta_m)$ 可以准确推断不同含水量情况下的土壤盐化程度。通过土壤盐度特征方程能够准确诊断土壤盐度随土壤含水量变化而发生改变的情况。

美国盐土实验室认为：$EC_s = f(\theta_m)$ 为直线方程；而且，土壤的饱和含水量（质量含水量，θ_s）约为 θ_m 的 2 倍，即 $\theta_s \approx 2\theta_m$（USDA，1954）。因此，土壤 EC_e 推算 EC_s 的关系方程为 $EC_s \approx 2EC_e$（USDA，1954；Ayers & Westcot，1985）。所以美国盐土实验室采用 EC_e 作为土壤盐度指标。但是，θ_s 是 θ_m 的最大值，而 θ_m 是时刻变化的，因此，θ_s 在绝大多数情况下并不等于 θ_m 的 2 倍。因此，采用 $EC_s \approx 2EC_e$ 的方法推算土壤 EC_s 有待商榷。吴月茹等（2011）提出一种非线性的 EC_s 与 θ_m 的关系方程，其表达方式为

$$EC_s = EC_{1:1}\theta_m^{\lambda}$$

式中　　$EC_{1:1}$——土水比 1：1 浸提液的电导率；

　　　　λ——经验常数。

λ 受土壤盐分类型和数量的影响，可由高土水比溶液电导率进行推算（至少需 5 个）。但是，在实践工作中，我国经常采用土水比 1：5 浸提液测定土壤含盐量（S_t）和各项可溶性盐分离子浓度，采

用土水比 1∶2.5 浸提液测定土壤 pH。因此，可否使用 $EC_{1:5}$ 和 $EC_{1:2.5}$ 推算土壤盐度特征方程的参数？

此外，我国习惯采用 S_t 表示土壤盐度，但不同区域和盐分类型下的盐度分级阈值不等。这主要是因为田间状态下土壤盐分包括液相盐和固相盐两部分（曾宪修，1987）。土壤中的固相盐在土壤含水量增加或减少时会相应的溶解或析出，这会引起 S_t 与 EC_s 间的函数关系发生变化。土壤含盐量 S_t 与 EC_s 的关系函数为

$$S_t(\text{g}\cdot\text{kg}^{-1}) = mEC_s(\text{dS}\cdot\text{cm}^{-1})$$

式中　m 在 3.0 ~ 4.0。一般情况下，随区域干旱程度的增加，m 逐渐变大。

在我国，由东部滨海湿润、半湿润盐渍土区，向西到黄淮海半湿润、半干旱盐渍土区，再往西至黄河中游干旱、半荒漠盐渍土区的延伸过程中，土层中固相盐的积累呈逐步增加的趋势（曾宪修等，1993）。而仅在半干旱盐渍土区，旱季土壤的可溶性盐中至少有 25% 的盐分是以固相形式存在的，在新疆极端干旱盐渍土区，固相盐的比例将会更高。高比例的固相盐必然对土壤 S_t 与 EC_s 的关系产生影响。因此，我国干旱地区土壤盐度的阈值明显高于半干旱半湿润地区的土壤盐度阈值。既然固相盐分的存在是影响不同区域盐度阈值的主要原因，那么，是否可以通过相关方法将固相盐分的影响消除，进而建立统一的基于土壤含盐量（S_t）的盐度分级体系？

新疆是我国盐渍土集中分布区域之一（李述刚和王周琼，1988；

黎立群和王遵亲，1993；俞仁培和陈德明，1999），其盐渍土总面积约为 2181.4×10^4 hm^2，占全国盐渍土总面积（9913×10^4 hm^2）的 22.01%（罗廷彬，等，2001），现有耕地中，31.1% 的面积受到盐渍化危害（田长彦，等，2000）。而且，新疆盐渍土分布范围广泛，土壤盐分类型组成复杂，盐渍土种类丰富，被称为世界盐渍土的博物馆（文振旺，1965；许志坤，1980）。目前，该区土壤盐度分级方法仍采用土壤全盐量作为盐度指标。在该区开展以土壤 Ψ_s-EC_s、EC_s-θ_m、S_s-EC_s 关系为基础的土壤盐化分级研究，不仅可以为建立和完善全国公认的盐渍土统一分类系统提供依据，而且还可以为盐渍土的国际学术交流提供方便。

综上所述，本项目针对上述提出的 3 个问题，以新疆土壤为研究对象，结合国内外的相关研究结论，明确盐渍土 Ψ_s 与 EC_s 间的统一定量关系，在该区域构建以 EC_s 为盐度指标的土壤盐化分级体系；揭示 $EC_{1:5}$、$EC_{1:2.5}$ 与土壤盐度特征方程参数的定量关系，确定由 $EC_{1:5}$、$EC_{1:2.5}$ 推算土壤盐度特征方程参数的具体形式；建立基于统一含盐量标准的土壤盐度分级与诊断体系。

二、研究内容与研究目标及拟解决的关键科学问题

1. 研究内容

（1）基于土壤溶液 ψ_s-EC_s 关系的土壤盐化分级研究

选择新疆不同类型的盐渍土为研究对象，研究土壤溶液 ψ_s 与 EC_s 间的相互关系，结合国内外已有研究，建立统一的 $\psi_s = f(EC_s)$ 经验方程；基于 $\psi_s = f(EC_s)$ 经验方程，以 EC_s 为盐度指标，建立土壤盐分分级体系。

（2）盐渍土 $EC_{1:5}$、$EC_{1:2.5}$ 与土壤盐度特征方程参数的关系研究

研究不同盐分类型条件下 $EC_{1:5}$、$EC_{1:2.5}$ 与盐化土壤特征方程 $EC_s = EC_{1:1}\theta_m^{\lambda}$ 中 $EC_{1:1}$ 和 λ 的关系。构建基于 $EC_{1:5}$、$EC_{1:2.5}$ 推算 $EC_{1:1}$ 和 λ 的定量关系方程。

（3）基于统一含盐量标准的土壤盐度分级体系研究

研究固相盐分对 S_t 与 EC_s 换算系数的影响，探寻消除该影响的理论方法，确定统一的 S_t 与 EC_s 换算系数，建立基于统一含盐量标准的土壤盐度分级体系。

2. 研究目标

（1）构建基于 $\psi_s = f(EC_s)$ 方程，并以 EC_s 为盐度指标的新疆土壤盐化分级体系。

（2）明确 S_t 与 EC_s 间统一的换算系数，建立 $EC_{1:5}$、$EC_{1:2.5}$ 推算 S_t 的土壤盐度特征方程。

（3）构建基于统一含盐量标准的土壤盐度分级体系。

3. 拟解决的关键科学问题

（1）盐渍土土壤溶液 ψ_s 与 EC_s 定量关系的确定，以及以 EC_s 为盐度指标的新疆土壤盐化分级体系的建立。

（2）确定 S_t 与 EC_s 间统一的换算系数，建立基于统一含盐量标准的土壤盐度分级体系，解决我国不同区域、不同盐分类型土壤其盐度分级标准存在的差异问题。

三、技术路线图

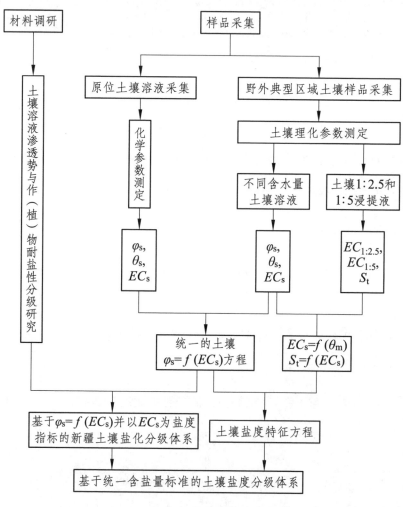

图 1.1　技术路线

四、项目的特点及创新性

（1）系统研究盐化土壤溶液 ψ_s 与 EC_s 的相互关系，基于 ψ_s - EC_s 经验方程建立以 EC_s 为盐度指标的新疆土壤盐分分级体系。

（2）建立推算土壤含盐量的土壤盐度特征方程，构建基于统一含盐量标准的土壤盐度分级与诊断体系。

参考文献

［1］ 付华，朱兴运，闫顺国. 盐渍化土壤渗透势的电导测定及其应用[J]. 草业学报，1994，3（3）：71-75.

［2］ 汉克斯 R J，等. 应用土壤物理学：土壤水和温度的应用[M]. 杨诗秀，译. 北京：水利电力出版社，1984.

［3］ 柯夫达 B A. 按盐渍化程度和性质并结合植物耐盐性而拟定的土壤分类[J]. 祝寿泉，译. 土壤，1962（3）.

［4］ 李冬顺，杨劲松，周静. 黄淮海平原盐渍土壤浸提液电导率的测定及其换算[J]. 土壤通报，1996，27（6）：285-287.

［5］ 黎立群，王遵亲. 土壤盐渍分区及其地球化学特征[M]王遵亲. 中国盐渍土. 北京：科学出版社，1993，250-312.

［6］ 李述刚，王周琼. 荒漠碱土[M]. 乌鲁木齐：新疆人民出版社，1988.

[7] 罗廷彬，任崴，谢春虹. 新疆盐碱地生物改良的必要性与可行性[J]. 干旱区研究，2001，18（1）：46-48.

[8] 石元春，李韵珠，陆锦文，等. 盐渍土的水盐运动[M]. 北京：北京农业大学出版社，1986.

[9] 田长彦，周宏飞，刘国庆. 21 世纪新疆土壤盐渍化调控与农业持续发展研究建议[J]. 干旱区地理，2000，23（2）：177-181.

[10] 文振旺. 新疆土壤地理[M]. 北京：科学出版社，1965.

[11] 吴月茹，王维真，王海兵，等. 采用新电导率指标分析土壤盐分变化规律[J]. 土壤学报，2011，48（4）：869-873.

[12] 许志坤. 盐碱土及其改良[M]. 乌鲁木齐：新疆人民出版社，1980.

[13] 杨劲松. 中国盐渍土研究的发展历程与展望[J]. 土壤学报，2008，45（5）：837-844.

[14] 俞仁培，陈德明. 我国盐渍土资源及其开发利用[J]. 土壤通报，1999，30（4）：158-159.

[15] 曾宪修. 河南封丘盐渍土与作物耐盐度[C]//黄淮海平原治理与开发研究文集：土壤水盐动态和碱化防治. 北京：科学出版社，1987.

[16] 曾宪修，俞仁配，祝寿泉. 盐分与植物生长关系及土壤盐碱化分级[M]//王遵亲. 中国盐渍土. 北京：科学出版社，1993：312-346.

[17] 中国土壤学会盐渍土专业委员会. 中国盐渍土分类分级文集[C]. 南京：江苏科学技术出版社，1989.

[18] ABROL I P, YADAV J S P, MASSOUD F I. Salt-affected soils and their management. FAO Soils Bulletin 39[M]. Rome: FAO, 1988.

[19] AMEZKETA E, ARAGÜÉS R, GAZOL R. Efficiency of sulfuric acid, mined gypsum, and two gypsum by-products in soil crusting prevention and sodic soil reclamation[J]. Agronomy Journal, 2005, 97: 983-989.

[20] AYERS R S, WESTCOT D W. Water quality for agriculture. FAO Irrigation and Drainage Paper No. 29[M]. Rome: FAO, 1985.

[21] BANIN A, AMIEL A. A correlative study of the chemical and physical properties of a group of natural soils of Israel[J]. Geoderma, 1969, 3: 185-189.

[22] BERNSTEIN L. Physiology of salt tolerance[J]. Ann Rev, Plant Physiology, 1958, 9（1）: 25-46.

[23] CHI C M, WANG Z C. Characterizing salt-affected soils of Songnen Plain using saturated paste and 1∶5 soil-to-water extract methods[J]. Arid Land Research and Management, 2010, 24（1）: 1-11.

[24] FRANZEN D. Managing saline soils in North Dakota[OL]. 2003. http://www. ag.ndsu.edu/pubs/plantsci/soilfert/sf1087-1.htm.

[25] NORTHCOTE K H. A factual key for the recognition of Australian soils[M]. CSIRO（Rellim Technical Publications: Adelaide.), 1979.

[26] SHIROKOVA Y, FORKUTSA I, SHARAFUTDINOVA N. Use of electrical conductivity in stead of soluble salts for soil salinity monitoring in Central Asia[J]. Irrigation and Drainage System, 2000, 14: 199-205.

[27] SLAVICH P, PETTERSON G H. Estimating the electrical conductivity of saturated paste extracts from 1 : 5 soil: water suspensions and texture[J]. Australian Journal of Soil Research, 1993, 31: 73-81.

[28] SONMEZ S, BUYUKTAS D, OKTUREN F, et al. Assessment of different soil to water ratios（1 : 1, 1 : 2.5, 1 : 5）in soil salinity studies[J]. Geoderma, 2008, 144: 361-369.

[29] SUMNER M E, RENGASAMY P, NADIU N. Sodic soils: distribution , properties , management and environmental consequences[M]. New York: Oxford University Press, 1998.

[30] TANJI K K. Agricultural salinity assessment and management[R]// ASCE Manuals and Reports on Engineering Practice No.71. New York: American Society of Civil Engineers, 1990.

[31] USDA. Diagnosis and improvement of saline and alkali soils. Agric. Handbook. No. 60[M]. United States Salinity Laboratory, Riverside, CA. 1954.

[32] WILKINSON L. Sygraph : the system for graphics[M]. Evanston, IL: Systat., Inc., 1990.

第二章　盐渍土溶液电导率与渗透势换算关系及其应用研究

一、研究意义

稀溶液条件下，土壤溶液渗透势（ψ_s）与溶液总浓度（TEC）存在如下的关系：

$$\psi_s(\text{atm}) = -R \times T \times i \times TEC \qquad (2\text{-}1)$$

式中　ψ_s——土壤溶液或浸提液的渗透势，10^5 Pa；

　　　R——气体常数，即 0.083，atm·L·K^{-1}·mol^{-1}，$R = 0.083$；

　　　T——绝对温度（$273 + t\,℃$），K；

　　　i——等渗系数；

　　　TEC——土壤溶液或浸提液浓度，mol。

若将大气压单位转换为 kPa，则乘以系数 101.3，即

$$\psi_s(\text{kPa}) = -101.3 \times R \times T \times i \times TEC \qquad (2\text{-}2)$$

对于土壤溶液或浸提液而言，其 TEC 与电导率（EC）之间存在如下关系：

$$TEC(\text{mmol}_c \cdot L^{-1}) \approx 10 \times EC(\text{mS} \cdot \text{cm}^{-1}) \quad\quad (2\text{-}3)$$

式中，TEC 的单位为 $\text{mmol}_c \cdot L^{-1}$，即 $\text{meq} \cdot L^{-1}$。

将式（2-3）分别代入式（2-2），则

$$\psi_s(\text{kPa}) = -101.3 \times R \times T \times i \times 10 \times EC/1000 \quad\quad (2\text{-}4)$$

当 TEC 以 $\text{mmol}_c \cdot L^{-1}$ 为单位时，将土壤溶液看作是强电解质，作近似计算，则 $i=2$。同时，由于土壤溶液或浸提液 EC 随温度的变化而变化（Campbell，et al，1949），因此通常采用 25 ℃ 作为参考温度，使用该温度下的 EC 值作为表征参数。因此，在 25 ℃，将 $R = 0.083\ \text{atm} \cdot L \cdot K^{-1} \cdot \text{mol}^{-1}$ 和 $i=2$ 代入式（2-4），计算得

$$\psi_s(\text{kPa}) \approx -50 \times EC(\text{mS} \cdot \text{cm}^{-1}) \quad\quad (2\text{-}5)$$

方程（2-5）可以看作是 $\varPsi_s$ - EC 关系的通用方程。本研究对该方程的准确性与可行性进行了分析，并应用该方程对我国学者提出的基于 $\varPsi_s$ 的土壤盐度分级体系与国际上常用的饱和浸提液电导率（EC_e）盐度分级体系进行了对比，以期为相关研究提供理论依据。

二、研究方法

1. 土样采集及准备

土壤取样地点位于新疆生产建设兵团第一师五团、六团、十团、十二团，新疆阿克苏市沙雅县，共 5 个剖面，每个剖面按 20 cm 间隔取样，取样深度 200 cm，共 50 份土样，代表南疆盐渍土。取样

区内，土壤质地主要为沙土和沙壤土。土样带回室内，自然风干，粉碎，过 2 mm 筛。

2. 土壤饱和浸提液制备

饱和浸提液的制备参照美国盐土实验室的方法（USDA，1954），取 250 g 土样，放入 500 mL 的塑料杯中，缓慢加入无二氧化碳的蒸馏水，边加水边搅拌，同时不断在实验台上震荡塑料杯，直至土壤完全饱和。饱和泥浆的判断标准：反射光线时，泥浆发亮；倾斜塑料杯时泥浆稍微流动。饱和泥浆静置 16 h，然后用布氏漏斗抽滤，得到饱和浸提液。

3. 测定方法

采用 DDS-307 型电导率仪测定土壤饱和浸提液 $EC(EC_e)$，FM-9J 型冰点渗透压计测其 Ψ_s。

4. 数据处理

实验所得数据采用 SPSS12.0 进行统计分析。回归分析应用 Regression 中的 Nonlinear 程序。

三、研究结果与分析

1. 供试土样 Ψ_s 与 EC_e 的统计分析

由表 2.1 可知，供试土样 EC_e 的最小值和最大值分别为

$0.75\ \mathrm{mS \cdot cm^{-1}}$ 和 $34.31\ \mathrm{mS \cdot cm^{-1}}$，变异系数为 75.94%，供试土样 Ψ_s 的变化区间为 $35 \sim 1688\ \mathrm{kPa}$，变异系数为 76.17%。$EC_e$ 和 Ψ_s 的变异系数均较大，说明供试土样的盐度变化较大。

表 2.1　供试土样饱和浸提液渗透势和电导率的统计分析结果

统计参数	土壤溶液电导率/$\mathrm{mS \cdot cm^{-1}}$	土壤溶液渗透势/kPa
平均值	13.88	688.16
最小值	0.75	35
最大值	34.31	1688
变异系数/%	75.94	76.17

2.　Ψ_s 与 EC 的关系方程

供试土样 Ψ_s 与 EC 间的散点图，如图 2.1 所示。

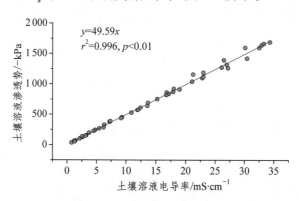

图 2.1　土壤溶液渗透势与电导率关系

由图 2.1 可见，Ψ_s 与 EC 间存在显著（$r^2 = 0.998$，$p < 0.01$）的正相关关系。回归分析表明，Ψ_s 与 EC 间可进行线性拟合，其拟合方程分别为

$$\psi_s(\text{kPa}) \approx -49.59 \times EC(\text{mS} \cdot \text{cm}^{-1}) \quad (r^2 = 0.995, \ n = 50) \qquad （2\text{-}6）$$

式中　　ψ_s——土壤浸提液渗透势；

EC——土壤浸提液电导率。

方程经检验均具有极显著统计学意义（$p < 0.01$）。方程（2-5）
与方程（2-6）的系数十分接近，说明前述的推导过程是正确的。

3. ψ_s 与 EC 关系方程的检验

为了验证方程（2-5）和（2-6）的准确性，将 50 份土样的 ψ_s 的
实测值分别与根据方程（2-5）、（2-6）获得的计算值进行了比较分
析［图 2.2（a）］。由图 2.2（a）可以看出，实测值与计算值间相差
较小。50 个土壤浸提液渗透势的实测值与方程（2-5）和（2-6）计
算值相对误差在 5% 以内的分别占 76% 和 64%。T 检验表明，50
份土样 ψ_s 的实测平均值为 – 688.16 kPa，式（2-5）计算值的平均值
为 – 694.20 kPa，式（2-6）计算值的平均值为 – 688.48 kPa。实测值
的平均数与各方程计算值的平均数之间不存在显著差异（$p > 0.05$），
即可以认为实测值与计算值来源于同一样本。另外，将实测值与式
（2-5）和式（2-6）的计算值进行回归分析，结果表明：方程（2-5）
的计算值与实测值间存在极显著的相关性（$r^2 = 0.996, \ p < 0.01$）［图
2.2（b）］；方程（2-6）的计算值与实测值间也存在极显著的相关性
（$r^2 = 0.996, \ p < 0.01$）［图 2.2（c）］。理论上，如果计算值与实测值
相等，那么回归直线的斜率应该为 1，常数项应该为 0，决定系数
（r^2）应该为 1。比较图 2.2（b）和图 2.2（c），两者的决定系数（r^2）

同为 0.996，斜率 1.003 比 0.995 更接近 1，但常数项 3.799 比 3.830

更接近 0。这表明式（2-5）与式（2-6）的推算结果十分接近，因此，

可以应用方程（2-5）推算南疆盐渍化土壤的 ψ_s。

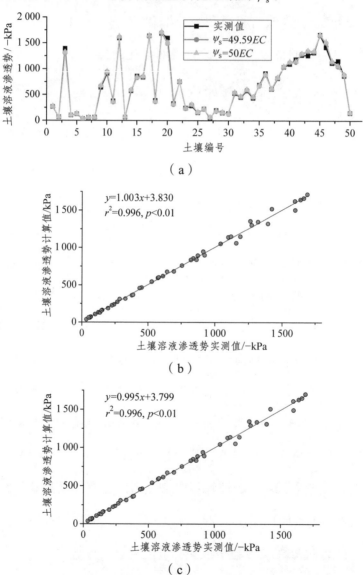

（a）

（b）

（c）

图 2.2　土壤溶液渗透势实测值与计算值的关系

4. ψ_s-EC关系方程在土壤盐度分级中的应用

我国学者提出使用土壤溶液ψ_s作为土壤盐度分级的指标（表 2.2）（曾宪修，1987；曾宪修，等，1993）。根据方程（2-5）将ψ_s换算为EC即可得到基于土壤溶液EC的盐度分级体系（表 2.2）。

表 2.2　中国盐渍土盐度分级

土壤盐度	土壤溶液渗透势/kPa	土壤溶液电导率/mS·cm^{-1}
轻	280 ~ 400	5.6 ~ 8
中	400 ~ 1 000	8 ~ 20
重	1 000 ~ 1 700	20 ~ 34

四、研究结论

本文研究结果表明，针对南疆土壤而言，可以使用方程$\Psi_s = 50EC$进行土壤溶液Ψ_s的计算。以往研究结果表明，由EC推算Ψ_s的换算计算均为 50 左右（表 2.3）。将本文的EC值代入表 2.3 的各方程，将其计算结果与方程（2-5）的计算结果进行比较分析。方程（2-5）计算值的平均数为 – 694.20 kPa，表 2.3 各方程（由上到下）计算值的平均数分别为 – 641.40、– 778.47、– 702.70、– 830.05和 – 555.34 kPa。T检验分析结果表明，这些平均值与 – 694.20 kPa之间不存在显著差异（$p > 0.05$）。因此，使用$\Psi_s = 50EC$方程作为Ψ_s-EC关系的统一通用方程是可行的。

表 2.3　不同地区盐渍土溶液渗透势与电导率关系方程

方程	N	r^2	研究区域	参考文献
$\psi_s = 48EC - 25$	61	0.99	江苏滨海	曾宪修，1993
$\psi_s = 56EC + 1$	350	0.99	黄淮海平原	曾宪修，1993
$\psi_s = 54EC - 47$	46	0.99	宁　夏	曾宪修，1993
$\psi_s = 51EC + 122$	17	0.99	河西走廊	付华，1994
$\psi_s = 40EC$	22	—	美　国	Jurinak，1990

土壤溶液 ψ_s 与 EC 换算关系研究具有一定的现实意义，因为 ψ_s 的测定需要较为昂贵的仪器设备，而 EC 测定分析仪器的价格较低，普通实验室均可配备。因此，国际上通常采用土壤饱和浸提液电导率（EC_e）作为土壤盐度分级指标（表 2.4）（USDA，1954）。而且，土壤饱和含水量一般接近土壤田间水分含量的 2 倍，因此，EC_e 与土壤溶液 EC（EC_s）的关系为（Ayers and Westcot，1985）

$$EC_s \approx 2EC_e \qquad\qquad （2\text{-}7）$$

按方程（2-7）将 EC_e 换算为 EC_s 后，美国盐渍土盐度分级标准见表 2.4。比较表 2.3 和表 2.4 可以发现，二者土壤盐度分级的土壤溶液电导率区间基本一致。这表明，采用方程 $\psi_s = 50EC$ 进行国内外盐渍土相关研究的比较与分析是可行的。因此，$\psi_s = 50EC$ 可以作为 ψ_s - EC 关系的统一通用方程。

表 2.4 美国盐渍土盐度分级

土壤盐度	饱和浸提液电导率/mS·cm^{-1}	土壤溶液电导率/mS·cm^{-1}
轻	2~4	4~8
中	4~8	8~16
重	8~16	16~32

本研究结果表明：盐渍土浸提液或溶液的 ψ_s 与 EC 存在显著的相关性，可以使用方程 $\psi_s = 50EC$ 作为 ψ_s-EC 关系的统一通用方程；基于该方程可以发现，我国使用的基于土壤溶液 ψ_s 的土壤盐度分级区间与国际上常用的基于 EC_e 的土壤盐度分级区间基本相一致。

本章小结

本文提出并验证了使用方程 $\psi_s = 50EC$ 作为土壤溶液渗透势（ψ_s）与电导率（EC）换算关系统一通用方程的可行性。结果表明：50 份土样 ψ_s 的实测值与计算值间不存在显著差异（$p > 0.05$）。另外，使用该方程和其他已知经验方程换算后可以发现，我国以 ψ_s 为指标的盐渍土盐害分级区间与国际上常用的以饱和浸提液电导率为指标的土壤盐害分级区间基本一致。因此，使用 $\psi_s = 50EC$ 作为 EC 推算 ψ_s 的统一通用方程是可行的。

参考文献

[1] 曾宪修，俞仁配，祝寿权. 盐分与植物生长关系及土壤盐碱化分级[M]//王遵亲. 中国盐渍土[M]. 北京：科学出版社，1993.

[2] 曾宪修. 河南商丘盐渍土与作物耐盐度[C]//黄淮海平原治理与开发研究文集，土壤水盐运动与和碱化防治. 科学出版社，1987.

[3] 付华，朱兴运，闫顺国. 盐渍化土壤渗透势的电导测定及其应用[J]. 草业学报，1994，3（3）：71-75.

[4] AYERS R S，WESTCOT D W. Water quality for agriculture. FAO Irrigation and Drainage Paper No. 29[M]. Rome：FAO，1985.

[5] CAMPBELL R B，BOWER C A，RICHARDS L A. Change of electrical conductivity with temperature and the relation of osmotic pressure to electrical conductivity and ion concentration for soil extracts[J]. Soil Science Society of America Journal，1949，13：66-69.

[6] JURINAK J J. The chemistry of salt-affected soils and waters[J]// TANJI K K. ed. Agricultural and salinity assessment and management. New York：American Society of Civil Engineers，1990：42-63.

[7] USDA. Diagnoses and improvement of saline and alkali soils. Agric. Handbook No. 60[M]. Riverside：United Sates Salinity Laboratory. 1954.

第三章 饱和浸提液电导率
获取方法的比较研究

第一节 盐碱土饱和浸提液两种
制备方法的比较研究

一、研究意义

土壤浸提液的电导率是研究土壤盐害程度的重要指标。美国盐土实验室将土壤饱和泥浆（饱和浸提液）电导率等于 $4\ dS \cdot m^{-1}$ 作为判断土壤是否发生盐害的阈值标准（USDA，1954）。该标准已被国际社会广泛接受并使用（Ayers and Westcot，1985）。但是，参照美国盐土实验室的方法，饱和泥浆的制备存在着饱和标准不易掌握以及饱和点判断主观性较强的缺点（Rhoades，1993）。为了解决这一问题，本文采用国内常用的浸润方法使土壤达到饱和状态，而后提取土壤饱和浸提液。将两种方法获得的饱和浸提液的电导率进行比较，分析采用浸润法制备盐碱土饱和浸提液的可行性，旨在为相关研究提供借鉴。

二、材料与方法

1. 土样采集及准备

土壤取样地点位于新疆生产建设兵团第一师五团、十二团，新疆阿克苏市沙雅县，共 3 个剖面，每个剖面按 20 cm 间隔取样，取样深度 200 cm，共 30 份土样，代表南疆盐渍土。取样区内，土壤质地主要为沙土和沙壤土。土样带回室内，自然风干，粉碎，过 2 mm 筛。

2. 土壤饱和浸提液制备与电导率测定

首先，采用美国盐土实验室（United Sates Salinity Laboratory）的方法制备饱和浸提液（USDA，1954），本文中将此方法称为 USSL 法。取 250 g 土样，放入 500 mL 的塑料杯中，缓慢加入无二氧化碳的蒸馏水，边加水边搅拌，同时不断在实验台上震荡塑料杯，直至土壤完全饱和。饱和泥浆的判断标准：反射光线时，泥浆发亮；倾斜塑料杯时泥浆稍微流动。饱和泥浆静置 16 h，然后用布氏漏斗抽滤，得到饱和浸提液。

其次，采用浸润法制备土壤饱和浸提液。取 130 g 土样装入 100 cm³ 的环刀，盖好上下孔盖，放于盛水的搪瓷盘内，有孔盖（底盖）一端朝下，盘内水面较环刀上缘低 1 ~ 2 mm，勿使环刀上面淹水。让水分饱和土壤，时间为 24 h，然后用布氏漏斗抽滤，得到饱和浸提液。

土壤饱和浸提液电导率采用 DDS-307 型电导率仪测定。

3．土壤饱和含水量

土壤饱和含水量采用烘干法进行测定，首先称取铝盒质量（w_1），其次取少量制备好的饱和土壤放入铝盒后称重[①]（w_2），然后放入烘箱 105 ℃ 烘干至恒重（w_3），最后计算得到土壤饱和含水量（w_s），计算公式为

$$w_s(g \cdot kg^{-1}) = \frac{w_2 - w_3}{w_3 - w_1} \times 1000 \qquad （3\text{-}1）$$

式中　w_s——土壤饱和含水量，$g \cdot kg^{-1}$。

三、结果与分析

1．土壤饱和含水量

两种方法测定的土壤饱和含水量统计分析结果见表 3.1。由表 3.1 可知，由 USSL 方法制备的饱和泥浆，其土壤饱和含水量变化范围为 199.72 ~ 527.27 $g \cdot kg^{-1}$，平均值为 350.35 $g \cdot kg^{-1}$；有浸润方法制备的饱和泥浆，30 份土壤饱和含水量的最小值、最大值和平均值分别为 205.34、494.71、363.74 $g \cdot kg^{-1}$。成对样本 T 检验表明，$p = 0.143 > 0.05$（表 3.2），因此，两种方法测定的土壤饱和含水量平均值间不存在显著差异。

注：① 实为质量，包括后文的恒重、容重等。由于现阶段在农林等领域的生产和科研实践中一直沿用，为使学生了解、熟悉该行业的生产、科研实际，本书予以保留。——编者注

表 3.1　土壤饱和含水量

参　　数	土壤饱和含水量/g · kg^{-1}	
	USSL 方法	浸润方法
平均值	350.35	363.74
最小值	199.72	205.34
最大值	560.30	494.71
变异系数/%	24.82	17.10

表 3.2　土壤饱和含水量成对样本 T 检验分析结果

	配对偏差					T	自由度	p（双尾）
	平均值	标准差	标准误	95% 置信区间下限	95% 置信区间上限			
饱和含水量[①] － 饱和含水量[②]/g · kg^{-1}	13.39	48.72	8.90	－31.58	4.81	－1.505	29	0.143

注：① 美国盐土实验室方法制备饱和泥浆；② 浸润法制备饱和泥浆。

2.　土壤 EC_e

两种方法测定的土壤土壤饱和浸提液电导率统计分析结果见表 3.3。由表 3.3 可知，USSL 方法制备的饱和泥浆，其浸提液电导率最小值、最大值和平均值分别为 0.75、31.34 和 10.54 dS · m^{-1}，浸润法制备的饱和泥浆，其浸提液电导率变化幅度为 0.75 ～ 36.90 dS · m^{-1}，平均值为 11.56 dS · m^{-1}。

表 3.3　土壤饱和浸提液电导率

参　　数	土壤饱和浸提液电导率/dS·m^{-1}	
	USSL 方法	浸润方法
平均值	10.54	11.56
最小值	0.75	0.75
最大值	31.34	36.90
变异系数/%	102.75	96.67

对比分析表明，两种方法制备的土壤饱和浸提液，其电导率间相差不大（图 3.1）。其中，1/3 的土样相差在 10% 以内，相差小于 20% 的土样占样品总数的 80%。对两组数据进行成对样本 T 检验，其结果见表 3.4。由于 $p = 0.138 > 0.05$，因此两种方法制备的饱和浸提液，其电导率间不存在显著差异。因此，采用浸润法制备盐碱土饱和泥浆，进而测定电导率是可行的。

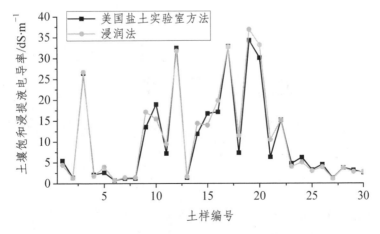

图 3.1　两种方法制备土壤饱和浸提液电导率值对比

表 3.4　土壤饱和浸提液电导率成对样本 T 检验分析结果

	配对偏差					T	自由度	p（双尾）
	平均值	标准差	标准误	95%置信区间下限	95%置信区间上限			
电导率① −电导率② /dS · m^{-1}	−0.52	1.86	0.34	−1.22	0.177	−1.53	29	0.138

注：① 美国盐土实验室方法制备饱和泥浆的浸提液电导率，② 浸润法制备饱和泥浆的浸提液电导率。

四、研究结论

本节研究结果表明，可以采用浸润法代替美国盐土实验室的方法制备盐渍土饱和浸提液，从而解决后者饱和标准不易掌握以及饱和点判断主观性较强的缺点。

第二节　盐渍土饱和泥浆与其浸提液间电导率换算关系研究

一、研究意义

土壤浸提液的电导率（ EC ）是研究土壤盐害程度的重要指标。美国盐土实验室将土壤饱和浸提液电导率（ EC_e ）等于 4 dS · m^{-1}

作为判断土壤是否发生盐害的阈值标准（USDA，1954）。该标准已被国际社会广泛接受并使用（Ayers and Westcot，1985；Rhoades，et al.，1991；Tanji and Kielen，2002）。但是，该方法需先制备饱和泥浆，然后将其抽滤得到饱和浸提液，实验过程耗时较长。而随着科技的不断发展，土壤盐度测试仪器不断进步，例如使用 2265FS 土壤原位电导率仪可以直接测定土壤饱和泥浆的电导率（EC_{sp}）。但是，其测量结果是否与 EC_e 相等或者二者是否直接存在一定的换算关系？相关研究鲜见报道。

本文选用南疆盐渍土，对其 EC_{sp} 和 EC_e 进行测定，阐明二者之间的相互关系，分析使用 EC_{sp} 代替 EC_e 衡量土壤盐度的可行性，旨在为相关研究提供借鉴。

二、材料与方法

1. 土样采集及准备

土壤取样地点位于新疆生产建设兵团第一师五团、十二团，新疆阿克苏市沙雅县，共 3 个剖面，每个剖面按 20 cm 间隔取样，取样深度 200 cm，共 30 份土样，代表南疆盐渍土。取样区内，土壤质地主要为沙土和沙壤土。土样带回室内，自然风干，粉碎，过 2 mm 筛。

2. 土壤饱和泥浆制备与电导率测定

采用美国盐土实验室（United States Salinity Laboratory）的方法制备饱和泥浆（USDA，1954），本文中将此方法称为 USSL 法。取 250 g 土样，放入 500 mL 的塑料杯中，缓慢加入无二氧化碳的蒸馏水，边加水边搅拌，同时不断在实验台上震荡塑料杯，直至土壤完全饱和。饱和泥浆的判断标准：反射光线时，泥浆发亮；倾斜塑料杯时泥浆稍微流动。静置 16 h 得到饱和泥浆。使用 2265FS 土壤原位电导率仪直接测定饱和泥浆的 EC_{sp}。

3. 土壤饱和浸提液制备与电导率测定

测定完 EC_{sp} 的饱和泥浆用布氏漏斗抽滤，得到饱和浸提液。采用 DDS-307 型电导率仪测定 EC_e。

三、结果与分析

1. 供试土样 EC_{sp} 与 EC_e

供试土样的 EC_{sp} 与 EC_e 的计分析结果见表 3.5。由表 3.5 可知，30 份供试土样的 EC_{sp} 变化幅度为 0.29～14.37 dS·m^{-1}，平均值为 3.86 dS·m^{-1}，30 份土样 EC_e 的最小值、最大值和平均值分别为 0.75、31.34 和 10.54 dS·m^{-1}。由图 3.2 可知，EC_{sp} 明显低于 EC_e。

表 3.5　土壤饱和浸提液电导率

	饱和泥浆电导率/dS·m^{-1}	饱和浸提液电导率/dS·m^{-1}
平均值	3.86	10.54
最小值	0.29	0.75
最大值	14.37	31.34
变异系数/%	107.44	102.75

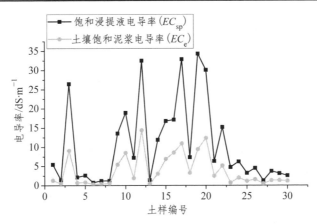

图 3.2　供试土壤饱和泥浆与饱和浸提液间电导率对比分析

2. 盐渍土 EC_{sp} 和 EC_e 的换算关系

供试土样 EC_{sp} 和 EC_e 间的散点图如图 3.3 所示。由图 3.3 可知，EC_{sp} 和 EC_e 间存在显著（$r^2 = 0.967$，$p < 0.01$）的正相关关系。二者间的线性回归方程为

$$EC_e = 2.524EC_{sp} + 0.786(r^2 = 0.935,\ n = 30) \qquad （3\text{-}2）$$

如果令方程常数项强制为零，则二者的关系方程变为

$$EC_e = 2.62EC_{sp}(r^2 = 0.933,\ n = 30) \qquad （3\text{-}3）$$

统计分析表明，两方程具有极显著（$p < 0.01$）的统计学意义。

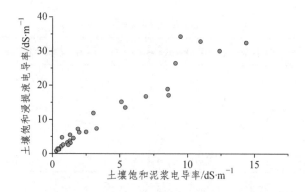

图 3.3　盐渍土饱和泥浆与其浸提液间电导率关系

3. 盐渍土 EC_{sp} 和 EC_e 的换算方程的验证

为了验证方程（3-2）和（3-3）的准确性，将 30 份土样的 EC_e 的实测值分别与根据方程（3-2）和（3-3）获得的计算值进行比较分析。T 检验表明，30 份土样 EC_e 的实测平均值为 10.54 dS·m^{-1}，式（3-2）计算值的平均值为 10.54 dS·m^{-1}，式（3-3）计算值的平均值为 10.12 dS·m^{-1}。实测值的平均数与各方程计算值的平均数之间不存在显著差异（$p > 0.05$），即可以认为实测值与计算值来源于同一样本。另外，将实测值与式（3-2）和式（3-3）的计算值进行回归分析，结果表明：方程（3-2）的计算值与实测值间存在极显著的相关性（$r^2 = 0.935$, $p < 0.01$）[图 3.4（a）]；方程（3-3）的计算值与实测值间也存在极显著的相关性（$r^2 = 0.935$, $p < 0.01$）[图 3.4（b）]。理论上，如果计算值与实测值相等，那么回归直线的斜率应该为 1，常数项应该为 0，决定系数（r^2）应该为 1。比较图 3.4（a）和图 3.4（b），两者的决定系数（r^2）同为 0.935，但斜率 0.971 比

0.935 更接近 1, 常数项 0.681 比 - 0.109 更接近 0。因此, 方程 (3-3)
的预测效果好于方程 (3-2)。

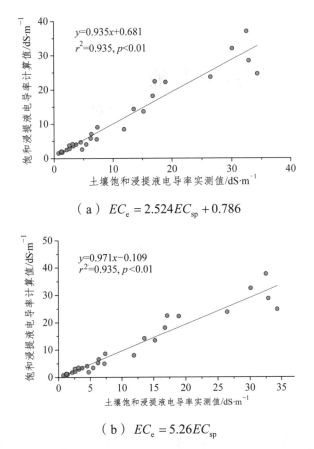

（a）$EC_e = 2.524EC_{sp} + 0.786$

（b）$EC_e = 5.26EC_{sp}$

图 3.4　饱和浸提液电导率推算值与实测值的关系

四、研究结论

供试土样 EC_e 明显高于 EC_{sp}, 因此, 在实际工作中不能直接使
用 EC_{sp} 作为土壤盐害程度的判断指标。但是, EC_e 与 EC_{sp} 间存在显

著的线性关系，可以使用 EC_{sp} 间接推算 EC_e。就南疆盐渍土而言，可以使用经验方程 $EC_e = 2.56EC_{sp}$，由 EC_{sp} 间接推算 EC_e。

第三节　饱和浸提液与高土水比浸提液电导率换算关系研究

一、研究意义

土壤浸提液的电导率（EC）是研究土壤盐害程度的重要指标。制备土壤浸提液有多种方法，就制备时所用土水比例而言，常用的包括饱和浸提液（Rhoades，et al，1989；USDA，1954）、1∶1 浸提液（Ozcan，et al.，2006；Wagenet and Jurinak，1978）、1∶2 浸提液（Mckenzie，et al，1983；Rugland，1972）、1∶5 浸提液（Sumner，1993）、1∶10 浸提液（Faulkner，et al，2000）等。由于水的稀释作用，浸提液的土水比越高，测定的土壤化学指标越低（Reitemeier，1946；Sonneveld and Van Den Ende，1971）。国外一般采用与田间实际水分状况最为接近的饱和浸提液的测定结果来描述盐渍土的化学性质（Longenecker and Lylerly，1964；Vaughn，et al，1995）。然而，土壤饱和浸提液的制备存在着饱和标准不易掌握（Rhoades，1993），制备过程繁琐，溶液量偏少（Sumner and Naidu，1998；Zhang，et al，2005），分析费用高（Franzen，2003；Slavich and Petterson，

1993）等缺点。其他土水比浸提液尽管其水分状况与田间实际情况相距甚远，但是制备过程简单、省时省力、节省经费、溶液量充足（Franzen，2003；Slavich and Petterson，1993；Sumner and Naidu，1998；Zhang，et al，2005），因而被广泛采用。为了便于比较不同浸提方法测得的数据，一些学者对不同浸提方法测得的数据进行了研究，并建立了相应的经验方程（Hogg and Henry，1984；Shirokova，et al，2000；Sonmez，et al，2008）。

国内盐碱土研究多数采用 1∶5 土水比的方法制备土壤浸提液。石元春等（1986）、李东顺等（1996）建立了黄淮海平原盐渍土饱和浸提液 $EC(EC_e)$ 与 1∶5 浸提液 $EC(EC_{1:5})$ 相互换算的经验公式，迟春明和王志春（2009）建立了松嫩平原苏打盐渍土 EC_e 与 $EC_{1:5}$ 相互换算的经验公式。这些研究结果表明，由于在土壤含盐量、盐分组成、土壤质地等因素方面存在差异，各盐渍土地区 EC_e 和 $EC_{1:5}$ 的换算关系也不相同。因此，不同地区应根据当地盐渍土建立本区域特定的 EC 换算方程。

另外，在测定土壤 pH 时，采用土水比 1∶2.5 浸提液（鲍士旦，2000；刘光崧，1996；Sonmez，et al，2008）。因此，在考虑建立高土水比浸提液电导率与 EC_e 换算关系时，应建立 1∶2.5 浸提液电导率（$EC_{1:2.5}$）与 EC_e 的换算方程。因为如果可以由 $EC_{1:2.5}$ 直接推算 EC_e，那么，仅需指标土水比 1∶2.5 浸提液，而后测定 $EC_{1:2.5}$ 和 pH，不必再制备 1∶5 浸提液，从而减少实验工作量，提高实验效率。

再者，国际上目前通常采用土水比 1∶1 浸提液的电导率（$EC_{1∶1}$）推算 EC_e。因为 1∶1 土水比更接近饱和浸提液（zhang，et al，2005）。

南疆是中国盐渍土集中分布区域之一（俞仁培和陈德明，1999；王遵亲，等，1993），土壤含盐量高，盐分组成中富含 $CaSO_4$ 和 $CaCO_3$ 等微溶性和难溶性盐分（王遵亲，等，1993）。到目前为止，南疆地区盐渍土化学性质分析绝大多数采用土水比 1∶5 浸提液，尚缺乏不同土水比浸提液间测定数据转换的经验公式。本研究旨在建立南疆地区盐渍土 EC_e 与 $EC_{1∶5}$、$EC_{1∶2.5}$ 和 $EC_{1∶1}$ 的换算关系，为盐渍土国际学术交流提供方便。

同时，参考国内外其他区域的研究结果，比较不同区域 EC_e 与高土水比 EC 换算系数的变化规律，进一步阐明影响 EC_e 与高土水比 EC 换算系数的因素。

二、材料与方法

1. 土样采集及准备

土壤取样地点位于新疆生产建设兵团第一师五团、六团、十团、十二团，新疆阿克苏市沙雅县，共 5 个剖面，每个剖面按 20 cm 间隔取样，取样深度 200 cm，共 50 份土样，代表南疆盐渍土。取样区内，土壤质地主要为沙土和沙壤土。土样带回室内，自然风干，粉碎，过 2 mm 筛。

2. 土壤浸提液制备

饱和浸提液的制备参照美国盐土实验室的方法（USDA，1954）。取 250 g 土样，放入 500 mL 的塑料杯中，缓慢加入无二氧化碳的蒸馏水，边加水边搅拌，同时不断在实验台上震荡塑料杯，直至土壤完全饱和。饱和泥浆的判断标准：反射光线时，泥浆发亮；倾斜塑料杯时泥浆稍微流动。饱和泥浆静置 16 h，然后用布氏漏斗抽滤，得到饱和浸提液。

土水比 1∶1 浸提液的制备方法为：取土样 50 g 至 200 mL 锥形瓶内，加 50 mL 无二氧化碳的蒸馏水，静置 30 min，然后用布氏漏斗抽滤，得到浸提液（USDA，1954）。土水比 1∶2.5 和 1∶5 浸提液的制备方法为：分别取土样 10 g 和 20 g 至 2 个 200 mL 锥形瓶内，分别加 50 mL 无二氧化碳的蒸馏水，摇晃 3 min，后静置 30 min，然后用布氏漏斗抽滤，得到浸提液（USDA，1954）。

3. 土壤饱和含水量与浸提液 EC 测定

土壤饱和含水量采用烘干法进行测定，首先称取铝盒质量（ w_1 ），其次取少量制备好的饱和泥浆放入铝盒后称重（ w_2 ），然后放入烘箱 105 ℃ 烘干至恒重（ w_3 ），最后采用公式（3-1）计算得到土壤饱和含水量（ w_s ）。土壤饱和浸提液与 1∶5 浸提液的 EC 均采用 DDS-307 型电导率仪测定。

4. 土水比 1∶5 浸提液阴离子测定

为了确定土壤盐分类型，对 1∶5 浸提液的阴离子进行测定。

SO_4^{2-} 采用 EDTA 间接滴定法，Cl^- 采用硝酸银滴定法，CO_3^{2-} 和 HCO_3^- 采用双指示剂-中和滴定法（鲍士旦，2000；刘光崧，1996）。

5. 数据处理

实验所得数据采用 SPSS12.0 进行统计分析。显著性检验、方差分析应用 AVOVA。回归分析应用 Regression 中的 Linear 和 Nonlinear 程序。

三、结果与分析

1. 供试土样基本理化性质统计分析

从表 3.6 可以看出，EC_e 的数值明显高于 $EC_{1:5}$。EC_e 的最大值与最小值分别为 34.31 和 0.75 $mS \cdot cm^{-1}$，$EC_{1:1}$、$EC_{1:2.5}$、$EC_{1:5}$

表 3.6 土壤基本理化性质表

参 数	EC_e	$EC_{1:1}$	$EC_{1:2.5}$	$EC_{1:5}$	w_s	CO_3^{2-}	HCO_3^-	SO_4^{2-}	Cl^-
	$mS \cdot cm^{-1}$					$mmol_c \cdot L^{-1}$			
平均值	13.61	6.57	3.32	2.02	352.24	0	0.62	12.42	6.89
最小值	34.31	0.34	0.17	0.10	199.27	0	0.18	0.56	0.31
最大值	0.75	16.28	8.04	5.47	560.27	0	1.37	33.64	18.73
变异系数/%	78.09	77.13	82.26	82.63	23.39	0	24.32	34.57	35.68

注：EC_e——饱和浸提液电导率；
　　$EC_{1:1}$, $EC_{1:2.5}$, $EC_{1:5}$——土水比 1:1、1:2.5、1:5 浸提液的电导率；
　　w_s——饱和含水量。

的变化区间分别为 0.34 ~ 16.28、0.17 ~ 8.04、0.10 ~ 5.47 mS・cm^{-1}，平均值分别为 6.57、3.32 和 2.02 mS・cm^{-1}。EC_e、$EC_{1:1}$、$EC_{1:2.5}$ 和 $EC_{1:5}$ 的变异系数分别为 78.09%、77.13%、82.26% 和 82.63%，说明该区土壤盐度变化很大。土壤饱和含水量的变化幅度为 199.27 ~ 560.27 g・kg^{-1}，平均值为 352.24 g・kg^{-1}。

2. 饱和与 1:1、1:2.5 和 1:5 浸提液间电导率关系方程

供试土样 EC_e 与 $EC_{1:1}$、$EC_{1:2.5}$、$EC_{1:5}$ 间的散点图如图 3.5 所示。由图 3.5 可见，EC_e 与 $EC_{1:1}$、$EC_{1:2.5}$、$EC_{1:5}$ 间存在显著（$r^2 > 0.95$，$p < 0.01$）的正相关关系。回归分析表明，EC_e 与 $EC_{1:1}$、$EC_{1:2.5}$、$EC_{1:5}$ 间均可进行线性，其拟合方程分别为

$$EC_e = 2.0651EC_{1:1} + 0.0437 (n = 50, r^2 = 0.9691) \qquad (3-4)$$

$$EC_e = 3.7956EC_{1:2.5} + 0.8711 (n = 50, r^2 = 0.9562) \qquad (3-5)$$

$$EC_e = 6.2199EC_{1:5} + 1.0200 (n = 50, r^2 = 0.9581) \qquad (3-6)$$

式中　EC_e——饱和浸提液电导率；

$EC_{1:1}$——土水比 1:1 浸提液电导率；

$EC_{1:2.5}$——土水比 1:5 浸提液电导率；

$EC_{1:5}$——土水比 1:5 浸提液电导率。

上述 3 个方程经检验均具有极显著统计学意义（$p < 0.01$）。

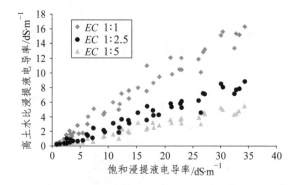

图 3.5　土壤饱和浸提液与高土水比浸提液电导率相关性

3. 饱和与高土水比浸提液间电导率换算方程验证

为了验证方程（3-4）、（3-5）和（3-6）的准确性，将 50 份土样的 EC_e 的实测值分别与根据方程（3-4）、（3-5）和（3-6）获得的计算值进行比较分析。T 检验表明，50 份土样 EC_e 的实测平均值为 $13.61 \; mS \cdot cm^{-1}$，式（3-4）计算值的平均值为 $13.61 \; mS \cdot cm^{-1}$，式（3-5）计算值的平均值为 $13.61 \; mS \cdot cm^{-1}$，式（3-7）计算值的平均值为 $13.61 \; mS \cdot cm^{-1}$。实测值的平均数与各方程计算值的平均数之间不存在显著差异（ $p > 0.05$ ），即可以认为实测值与计算值来源于同一样本。另外，将实测值与式（3-4）、（3-5）和（3-6）的计算值进行回归分析，结果表明：方程（3-4）、（3-5）和（3-6）的计算值与实测值间存在极显著的相关性（ $r^2 > 0.958, \; p < 0.01$ ）（图 3.6）。由方程（3-4）、（3-5）和（3-6）得到的 EC_e 计算值与 EC_e 实测值的线性回归方程分别为

$$y_{1:1} = 0.9691EC_e + 0.4200(n = 50, \; r^2 = 0.9691)$$

（3-7）

$$y_{1:2.5} = 0.9562EC_e + 0.5965(n = 50, \ r^2 = 0.9562)$$

（3-8）

$$y_{1:5} = 0.9581EC_e + 0.5698(n = 50, \ r^2 = 0.9581)$$

（3-9）

式中　EC_e——饱和浸提液电导率实测值；

　　$y_{1:1}$、$y_{1:2.5}$ 和 $y_{1:5}$——由土水比 1∶1、1∶2.5 和 1∶5 浸提液电

导率推算的 EC_e 值。

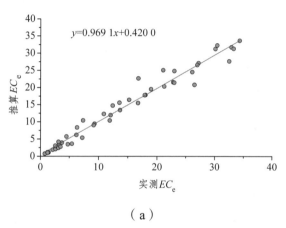

（a）

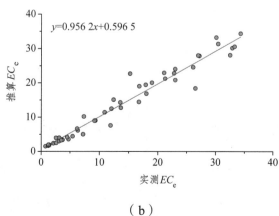

（b）

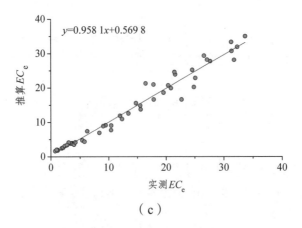

（c）

图 3.6　饱和浸提液电导率推算值与实测值的关系

理论上，如果计算值与实测值相等，那么回归直线的斜率应该为 1，常数项应该为 0，决定系数（r^2）应该为 1。经比较可知，就斜率而言，方程（3-4）＞方程（3-6）＞方程（3-5）；就常数项而言，方程（3-4）＜方程（3-6）＜方程（3-5）。但是，方程（3-7）、（3-8）、（3-9）的决定系数、斜率和常数项非常接近。因此，在 EC_e 的推算效果上，方程（3-4）略优于方程（3-6），而方程（3-6）略优于方程（3-5）。

四、讨　论

建立南疆地区盐渍土 EC_e 与 $EC_{1:5}$ 换算关系的主要目的是为相关研究的国际学术交流提供方便。目前，国际上通常采用 EC_e 作为判断土壤盐渍化程度的指标。欧美国家将 $EC_e = 4.00 \text{ mS} \cdot \text{cm}^{-1}$ 作为判断土壤开始发生盐害的阈值，将 $EC_e = 8.00 \text{ mS} \cdot \text{cm}^{-1}$ 作为农作物开始受到中度盐害的判断指标，将 $EC_e = 16.00\ \mathrm{mS \cdot cm^{-1}}$ 作为判断农作物生长发育完全停止（死亡）的盐害指标，即土壤盐害分为轻度（4~8 $\mathrm{mS \cdot cm^{-1}}$）、中度（8~16 $\mathrm{mS \cdot cm^{-1}}$）、重度（大于 16 $\mathrm{mS \cdot cm^{-1}}$）3 级（USDA，1954）。根据美国盐土实验室的分级标准，经方程（3-4）、（3-5）和（3-6）换算后，农一师地区硫酸盐-氯化物型盐渍土发生盐害时 $EC_{1:1}$、$EC_{1:2.5}$ 和 $EC_{1:5}$ 的阈值分别为 1.92、0.80 和 0.48 $\mathrm{mS \cdot cm^{-1}}$（表 3.7）。根据表 3.7，在今后工作中，可以根据测定的 $EC_{1:1}$、$EC_{1:2.5}$ 或 $EC_{1:5}$ 对农一师地区盐渍土的盐害等级进行判断。

另外，我国根据农作物生长发育情况将土壤盐化分为 4 级（表 3.8），并且采用土壤全盐量作物分级指标。就供试的硫酸盐-氯化物型盐害土壤而言，传统的等级界限范围为 2~3、3~6、6~10 和大于 10 $\mathrm{g \cdot kg^{-1}}$ 全盐量（S_t）。南疆盐渍土地区可以采用方程 S_t $(\mathrm{g \cdot kg^{-1}}) = 4.0 EC_{1:5}$ 来换算上述 S_t 区间对应的 $EC_{1:5}$ 范围（表 3.8），而后，使用方程（3-6）可以计算出 EC_e 对应的分级区间（表 3.8）。

表 3.7　硫酸盐-氯化物型盐渍土盐害分级

盐渍化程度	EC_e	$EC_{1:1}$	$EC_{1:2.5}$	$EC_{1:5}$
	（$\mathrm{mS \cdot cm^{-1}}$）			
轻度盐化	4~8	1.92~3.85	0.80~1.85	0.48~1.12
中度盐化	8~16	3.85~7.73	1.85~3.94	1.12~2.41
重度盐化	>16	>7.73	>3.94	>2.41

表 3.8　硫酸盐-氯化物型盐渍土盐害分级

作物生长情况	盐渍化程度	全盐量 S_t/g·kg^{-1}	$EC_{1:5}$ /ms·cm^{-1}	EC_e /mS·cm^{-1}
轻度抑制 （减产 10%～20%）	轻度盐化	2～3	0.5～0.75	4.13～5.68
中度抑制 （减产 20%～50%）	中度盐化	3～6	0.75～1.5	5.68～10.35
严重抑制 （减产 50%～80%）	重度盐化	6～10	1.5～2.5	10.35～16.57
死　亡	极度盐化	＞10	＞2.5	＞16.57

　　由表 3.8 可以看出，经方程（3-6）换算后，南疆地区硫酸盐-氯化物型盐渍土发生盐害的阈值（ $EC_e = 4.07$ 或 $4.04\ \mathrm{mS\cdot cm^{-1}}$ ）与欧美国家的阈值（ $EC_e = 4.00\ \mathrm{mS\cdot cm^{-1}}$ ）指标非常接近；作物发生死亡时的盐度值（ $EC_e = 16.57\ \mathrm{mS\cdot cm^{-1}}$ ）略高于欧美国家的判断标准（ $EC_e = 16.00\ \mathrm{mS\cdot cm^{-1}}$ ），但相差并不大；同时，中度盐化的 EC_e 范围是 $5.68\sim10.35\ \mathrm{mS\cdot cm^{-1}}$ ，其平均值为 $8.02\ \mathrm{mS\cdot cm^{-1}}$ 。因此，如果将硫酸盐-氯化物型盐渍土的盐害等级也分为轻、中、重 3 级，其对应的 EC_e 范围大致可以设定为 $4.00\sim8.00\ \mathrm{mS\cdot cm^{-1}}$ 、 $8.00\sim16.00$ （17.00） $\mathrm{mS\cdot cm^{-1}}$ 、 >16.00 （17.00） $\mathrm{mS\cdot cm^{-1}}$ ，其取值区间与欧美等国基本一致。因此，就南疆地区硫酸盐-氯化物型盐渍土而言，采用方程（3-6）推算 EC_e ，进而与国外相关研究进行比较分析是可行的。

南疆地区盐渍土 EC_e 与 $EC_{1:1}$、$EC_{1:2.5}$、$EC_{1:5}$ 间存在极显著的线性关系，可由 $EC_{1:1}$、$EC_{1:2.5}$、$EC_{1:5}$ 推算 EC_e。在以往黄淮海平原（李冬顺，等，1996；石元春，等，1986）以及松嫩平原（迟春明和王志春，2009）的盐渍土相关研究中，$EC_{1:5}$ 与 EC_e 间均是线性关系，本研究结果与其相比存在一定差异。另外，不同区域 $EC_{1:5}$ 与 EC_e 间换算系数不同。例如，黄淮海平原换算方程为 $EC_e = 8.24EC_{1:5} - 0.724$（李冬顺，等，1996）或 $EC_e = 5.88EC_{1:5} + 1.33$（石元春，等，1986）；松嫩平原地区 $EC_{1:5}$ 与 EC_e 间换算方程为 $EC_e = 10EC_{1:5}$。

导致各地区 $EC_{1:5}$ 与 EC_e 间换算系数存在差异的原因可能是各研究区域的盐分种类、pH情况、土壤质地等不同。本研究供试土壤为硫酸盐-氯化物型盐渍土，松嫩平原地区主要为苏打盐渍土，黄淮海平原与华北地区主要为氯化物型盐渍土。如果土壤盐分中微溶性的 $CaSO_4$ 或 $Ca(HCO_3)_2$ 的数量较高，甚至达到饱和，而其土水比 1:5 浸提液浓度没有达到饱和，从而导致其换算系数增大。

本章小结

本章首先对两种不同方法制备盐渍土饱和浸提液后测定饱和电导率 EC_e 的结果进行了分析比较。实验结果表明：供试30份土样，两种方法获得的饱和泥浆，其土壤饱和含水量之间差异不显著；美国盐土实验室的方法制备土壤饱和浸提液其电导率变化幅度为 $0.75 \sim 31.34 \, \mathrm{dS \cdot m^{-1}}$，浸润法制备土壤饱和浸提液其电导率变化范围是 $0.75 \sim 36.90 \, \mathrm{dS \cdot m^{-1}}$，两组数据成对样本 T 检验 $p = 0.138$（> 0.05），因此，两种方法制备的土壤饱和浸提液，其电导率测定值间不存在显著差异。因此，可以使用浸润法代替美国盐土实验室的方法制备盐渍土饱和浸提液，从而解决后者饱和标准不易掌握以及饱和点判断主观性较强的缺点。

其次，本章对 30 份南疆盐渍土的饱和泥浆电导率（EC_{sp}）和饱和浸提液的电导率（EC_e）进行了测定分析。结果表明：每份土壤的 EC_{sp} 均明显小于 EC_e，因此，在实际工作中不能使用 EC_{sp} 代替 EC_e 进行土壤盐度的判断；EC_e 与 EC_{sp} 间存在显著的线性关系，可以使用 EC_{sp} 间接推算 EC_e。就南疆盐渍土而言，可以使用经验方程 $EC_e = 2.56 EC_{sp}$，由 EC_{sp} 间接推算 EC_e。

最后，对南疆地区 50 份盐渍土样品的饱和浸提液电导率（EC_e），土水比 1∶1、1∶2.5、1∶5 浸提液电导率（$EC_{1:1}$、$EC_{1:2.5}$、$EC_{1:5}$）进行了测定与分析。结果表明：EC_e 与 $EC_{1:1}$、$EC_{1:2.5}$、$EC_{1:5}$ 间存在极显著（$p < 0.01$）的线性关系，可由 $EC_e = 2.0651 EC_{1:5} + 0.0437$（$r^2 = 0.9691$）、$EC_e = 3.8417 EC_{1:5} + 0.9532$（$r^2 = 0.9595$）、$EC_e = 6.2199 EC_{1:5} + 1.02$（$r^2 = 0.9581$）3 个方程推算 EC_e。

参考文献

[1] 鲍士旦. 土壤农化分析[M]. 北京：中国农业出版社，2000：178-200.

[2] 迟春明，王志春. 松嫩平原盐碱土饱和浸提液与土水比 1∶5 浸提液间化学参数的换算关系[J]. 生态学杂志，2009，28（1）：172-176.

[3] 李冬顺，杨劲松，周静. 黄淮海平原盐渍土壤浸提液电导率的测定及其换算[J]. 土壤通报，1996，27（6）：285-287.

[4] 刘光崧. 土壤理化分析与剖面描述[M]. 北京：中国标准出版社，1996：45-49，196-211.

[5] 石元春，李韵珠，陆锦文，等. 盐渍土的水盐运动[M]. 北京：北京农业大学出版社，

[6] 俞仁培，陈德明. 我国盐渍土资源及其开发利用[J]. 土壤通报，1999，30（4）：158-159，177.

[7] USDA. Diagnoses and improvement of saline and alkali soils. Agric. Handbook No. 60 [M]. Riverside：United Sates Salinity Laboratory，1954：83-90.

[8] AYERS R S，WESTCOT D W. Water quality for agriculture. FAO Irrigation and Drainage Paper No. 29[M]. Rome：FAO，1985：14-42.

[9] RHOADES J D, CHANDUVI F, LESCH S. Soil salinity assessment: methods and interpretation of electrical conductivity measurements. FAO Irrigation and Drainage Paper No. 57[M]. Rome: FAO, 1991: 5-14.

[10] QADIR M, SCHUBERT S. Degradation processes and nutrient constraints in sodic soils[J]. Land Degradation and Development, 2002, 13: 275-294.

[11] RHOADES J D. Electrical conductivity methods for measuring and mapping soil salinity[J]. Advances in Agronomy, 1993, 49: 201-251.

[12] TANJI K K, KIELEN N C. Agricultural drainage water management in arid and semi-arid areas. FAO Irrigation and drainage paper No. 61[M]. Rome: FAO, 2002.

[13] FAULKNER H, WILLSON B R, SOLMAN K, et al. Comparison of three cation extraction methods and their use in determination of sodium adsorption ratios of some sodic soils[J]. Communications in Soil Science and Plant Analysis, 200, 32 (11&12): 1765-1777.

[14] FRANZEN D. Managing saline soils in North Dakota [OL]. 2003. http://www.ag.ndsu.edu/ pubs/plantsci/soilfert/sf1087-1.htm.

[15] HOGG T J, HENRY J L. Comparison of 1 : 1 and 1 : 2 suspensions and extracts with the saturation extract in estimating

salinity in Saskatchewan soils[J]. Canadian Journal of Soil Science, 1984, 64: 669-704.

[16] LONGENECKER D E, LYLERLY P J. Making soil pastes for salinity analysis: a reproducible capillary procedure[J]. Soil Science, 1964, 97: 268-275.

[17] MCKENZIE R C, SPROUT C H, CLARIK N F. The relationship of the yield of irrigated barley to soil salinity as measured by several methods[J]. Canadian Journal of Soil Science, 1983, 63: 519-528

[18] OZCAN H, EKINCI H, YIGINI Y, et al. Comparison of four soil salinity extraction methods[C]. Proceedings of 18th International Soil Meeting on "Soil Sustaining Life on Earth, Managing Soil and Technology", May 22-26, 2006, Sanliurfa, Turkey: 697-703.

[19] REITEMEIER R F. Effect of moisture content on the dissolved and exchangeable ions of soils of arid regions[J]. Soil Science, 1946, 61: 195-214.

[20] RHOADES J D, MANTEGHI N A, SHOUSE P J, et al. Estimating soil salinity from saturated soil paste electrical conductivity [J]. Soil Science Society of America Journal, 1989, 53: 428-433.

[21] RUGLAND R B. Correlation of electrical conductivities of the saturated paste extract (EC_e) and the 1 : 2 soil-to-water extract

($EC_{1:2}$) as a function of saturation percentage in greenhouse soil mixes[J]. Hortscience, 1972, 7 (2): 190-192.

[22] SHIROKOVA Y, FORKUTSA I, SHARAFUTDINOVA N. Use of electrical conductivity in stead of soluble salts for soil salinity monitoring in Central Asia[J]. Irrigation and Drainage System, 2000, 14: 199-205.

[23] SLAVICH P G, PETTERSON G H. Estimating the electrical conductivity of saturated paste extracts from 1 : 5 soil: water suspensions and texture[J]. Australian Journal of Soil Research, 1993, 31: 73-81.

[24] SONMEZ S, BUYUKTAS D, OKTUREN F, et al. Assessment of different soil to water ratios (1 : 1, 1 : 2.5, 1 : 5) in soil salinity studies[J]. Geoderma, 2008, 144: 361-369.

[25] SONNEVELD C, Van Den ENDE J. Soil analysis by means of a 1 : 2 volume extract[J]. Plant and Soil, 1971, 35: 505-516.

[26] SUMNER M E, NAIDU N. Sodic soils: distribution, properties, management, and environmental consequences[M]. New York: Oxford University Press, 1998.

[27] SUMNER M E. Sodic soils: new perspectives[J]. Australian Journal of Soil Research, 1993, 31: 683-750.

[28] VAUGHN P J, LESCH S M, CORWIN D L, et al. Water content effect on soil salinity prediction: a geostatistical study using

co-kriging[J]. Soil Science Society of America Journal，1995，
59：1146-1156.

[29] WAGENET R J，JURINAK J J. Spatial variability of soluble salt
content in a Mancos shale watershed[J]. Soil Science，1978，126：
342-349.

[30] ZHANG H，SCHRODER J L，PITTMAN J J，et al. Soil salinity
using saturated paste and 1：1 soil to water extracts[J]. Soil
Science Society of America Journal，2005，69：1146-1151.

第四章 土壤盐度指标换算关系与影响因素研究

第一节 我国不同地区土壤盐渍度指标换算关系

一、研究意义

土壤盐渍化是当今世界农业可持续发展的主要限制因素之一（王遵亲，等，1993）。目前，全球盐渍土面积约为 9.5 亿公顷（1公顷 = $10^4\,\mathrm{m}^2$），约占全球可耕作土地面积的 10%，而我国盐渍土总面积约为 0.99 亿公顷，约占全世界盐渍土总面积的 10%（王遵亲，等，1993）。为了改良和利用盐碱地资源，需要准确获得土壤盐度等相关信息。而如何表示土壤盐度的高低，目前各国有不同的惯用方法（石元春，等，1986；Chi and Wang，2010）。有的国家采用土壤含盐量（S_t）表示，有的采用土壤浸提液盐分质量浓度（TDS）或摩尔浓度（TEC）表示，有的采用土壤浸提液的电导率（EC）表示。

这些方法各有优缺点，但是各指标间可以相互换算。

目前，我国通常采用 S_t 表示土壤盐度，习惯使用土水比 1∶5 浸提液残渣法或容量分析法测定。该方法具有测定精度高、适用范围广的优点，但操作繁琐，工作量大；而直接测定土水比 1∶5 浸提液电导率（$EC_{1∶5}$）具有操作简单、快捷的特点，近年来已被科研和生产单位普遍采用。并且，通过建立 S_t 与 $EC_{1∶5}$ 的经验方程，可以由 $EC_{1∶5}$ 快速推算 S_t，从而提高工作效率。但是，由于我国盐渍土分布范围广泛、类型多样（俞仁培和陈德明，1999），不同盐渍区的盐分组成和离子比例差别很大，对电导率测定具有一定影响（刘广明，等，2005），因此，不同盐渍土区不仅 S_t 与 $EC_{1∶5}$ 的经验换算系数存在一定差异，而且其他盐度指标的换算关系也存在一定差异，这给不同区域间盐渍土相关研究的比较带来了一定障碍。为此，本研究对我国 5 大盐渍土区（俞仁培和陈德明，1999）土壤盐度指标间的换算关系进行研究，揭示不同盐度指标间换算系数随区域变化的规律，分析产生变化的原因，为不同地区盐渍土研究的交流与比较提供参考和借鉴。

二、材料与方法

1. 实验数据

数据来源于文献。其中滨海和海涂盐渍土共 102 份土样数据；黄淮海平原盐渍土共 82 份土样数据，均来源于《中国盐渍土》一书；

东北松嫩平原盐渍土共 215 份土样数据，其中 94 份土样数据来源
于《中国盐渍土》一书，其余 121 份土样数据来源于参考文献（Chi
and Wang，2010）；半荒境内陆盐渍土共 78 份土样数据，来源于文
献（贺锦喜和牛颖，1997；王豁，1980；张晓琴，等，2000）；极端
干旱沙境盐渍土共 70 份土样数据，实测土壤盐分指标。所有数据的
统计分析结果详见表 4.1。

表 4.1 土壤样品基本性质统计

参数	全盐量/g·kg^{-1}	电导率/dS·m^{-1}	盐分质量总浓度/g·L^{-1}	盐分摩尔总浓度/mmol$_c$·L^{-1}
滨海和海涂地区盐渍土（样本数：102）				
平均值	8.68	—	1.74	28.80
最小值	1.2	—	0.24	2.06
最大值	37.7	—	7.54	119.86
黄淮海平原盐渍土（样本数：82）				
平均值	11.96	—	2.39	37.68
最小值	0.5	—	0.1	0.8
最大值	107.2	—	22.44	314.48
东北松嫩平原盐渍土（样本数：94）				
平均值	4.11	—	0.82	11.19
最小值	0.4	—	0.08	1.68
最大值	16.7	—	3.34	63.22
半荒境内陆盐渍土（样本数：78）				
平均值	1.56	5.96	0.31	17.88
最小值	0.04	0.43	0.008	0.68
最大值	10.94	35.95	2.18	118.30
极端干旱漠境盐渍土（样本数：70）				
平均值	26.44	6.30	5.29	81.59
最小值	4.08	0.85	0.82	11.24
最大值	59.47	15.76	11.89	196.76

2. 测试指标和方法

使用土水比 1∶5 浸提液。Cl^- 使用硝酸银滴定法，SO_4^{2-} 采用 EDTA 间接滴定法，CO_3^{2-} 和 HCO_3^- 使用双指示剂-中和滴定法（鲍士旦，2000；刘光崧，1986）；Ca^{2+} 和 Mg^{2+} 采用 EDTA 滴定法，Na^+ 与 K^+ 之和采用计算法，即用阴离子总浓度减去 Ca^{2+} 和 Mg^{2+} 浓度（鲍士旦，2000；刘光崧，1986）。用 DDS-307 型电导率仪测定浸提液的电导率。土壤含盐量（S_t）采用残渣法测定。土壤盐分质量浓度（$TDS_{1:5}$）采用计算法获得：

$$TDS(g \cdot L^{-1}) = S_t(g \cdot kg^{-1})/5 \qquad （4-1）$$

式中　TDS——1∶5 浸提液可溶性固体浓度；

　　　S_t——土壤含盐量。

土壤浸提液盐分摩尔浓度（$TEC_{1:5}$）采用计算法获得：

$$
\begin{aligned}
TEC_{1:5}&(mmol_c \cdot L^{-1})\\
&= TAC_{1:5}(mmol_c \cdot L^{-1})\\
&= c(CO_3^{2-}) + c(HCO_3^-) + c(Cl^-) + c(SO_4^{2-})
\end{aligned}
\qquad （4-2）
$$

式中　$TEC_{1:5}$, $TAC_{1:5}$——土水比 1∶5 浸提液的盐分摩尔总浓度和
　　　　　　　　　　　　　阴离子总浓度。

三、结果与分析

1. 土壤 $TEC_{1:5}$ 与 $EC_{1:5}$ 的关系

我国 5 大盐渍土区土壤 $TEC_{1:5}$ 与 $EC_{1:5}$ 的换算关系经验方程见

表 4.2。其中，黄淮海平原和东北松嫩平原盐渍土区 $TEC_{1:5}$ 和 $EC_{1:5}$ 间的经验方程引至文献（石元春，等，1986；Chi and Wang，2010）。由表 4.2 可知，$TEC_{1:5}$ 与 $EC_{1:5}$ 间存在良好的线性关系，但是换算系数略有不同。其中，由 $EC_{1:5}$ 推算 $TEC_{1:5}$ 的换算系数滨海和海涂地区盐渍土为 9.5，黄淮海平原盐渍土为 10.6，半荒境内陆盐渍土为 11.28，极端干旱漠境盐渍土为 12.5。不难发现，换算系数基本上随盐渍土区干旱程度的增加而增大。

表 4.2　盐渍土 1:5 土水比浸提液摩尔总浓度（$TEC_{1:5}$）与电导率（$EC_{1:5}$）换算关系

盐渍土区域	方　程	n
滨海和海涂地区盐渍土	$TEC_{1:5}(\mathrm{mmol_c \cdot L})$ $\approx 9.5 \times EC_{1:5}(\mathrm{mS \cdot cm})$[1]	14
黄淮海平原盐渍土	$TEC_{1:5}(\mathrm{mmol_c \cdot L})$ $\approx 10.6 \times EC_{1:5}(\mathrm{mS \cdot cm})$[2]	79
东北松嫩平原盐渍土	$TEC_{1:5}(\mathrm{mmol_c \cdot L})$ $\approx 9.8 \times EC_{1:5}(\mathrm{mS \cdot cm})$[3]	121
半荒境内陆盐渍土	$TEC_{1:5}(\mathrm{mmol_c \cdot L})$ $\approx 11.28 \times EC_{1:5}(\mathrm{mS \cdot cm})$	78
极端干旱漠境盐渍土	$TEC_{1:5}(\mathrm{mmol_c \cdot L})$ $\approx 12.5 \times EC_{1:5}(\mathrm{mS \cdot cm})$	70

[1] 引自《中国盐渍土》，[2] 引自《盐渍土的水盐运动》，[3] 引自 Chi and Wang（2010）。

2. 土壤 S_t、$TDS_{1:5}$ 与 $TEC_{1:5}$ 的关系方程

我国 5 大盐渍土区土壤 S_t 与 $TEC_{1:5}$ 间的换算关系方程见表4.3。由表 4.3 可见，$TEC_{1:5}$ 推算 S_t 的换算系数非常接近，其中，滨海和

海涂地区盐渍土的换算系数为 3.0，东北松嫩平原盐渍土的换算系
数为 0.34，而黄淮海平原、半荒境内陆及极端干旱漠境盐渍土的换
算系数均为 0.32。

表 4.3　土壤含盐量（S_t）与 1∶5 土水比浸提液盐分摩尔
总浓度（$TEC_{1:5}$）间换算关系

盐渍土区域	方程	n	r^2	P
滨海和海涂地区盐渍土	$S_t(g \cdot kg^{-1})$ $= 0.30 \times TEC_{1:5}(mmol_c \cdot L^{-1})$	103	0.99	< 0.01
黄淮海平原盐渍土	$S_t(g \cdot kg^{-1})$ $= 0.32 \times TEC_{1:5}(mmol_c \cdot L^{-1})$	82	0.99	< 0.01
东北松嫩平原盐渍土	$S_t(g \cdot kg^{-1})$ $= 0.34 \times TEC_{1:5}(mmol_c \cdot L^{-1})$	94	0.90	< 0.01
半荒境内陆盐渍土	$S_t(g \cdot kg^{-1})$ $= 0.32 \times TEC_{1:5}(mmol_c \cdot L^{-1})$	78	0.98	< 0.01
极端干旱漠境盐渍土	$S_t(g \cdot kg^{-1})$ $= 0.32 \times TEC_{1:5}(mmol_c \cdot L^{-1})$	70	0.99	< 0.01

由方程（4-1）可知，S_t 等于 5 倍的 $TDS_{1:5}$，将方程（4-1）代
入表 4.3 中的各方程，可以获得 $TDS_{1:5}$ 与 $TEC_{1:5}$ 的换算关系，详
见表 4.4。

3. 土壤 S_t、$TDS_{1:5}$ 与 $EC_{1:5}$ 的关系方程

将表 4.2 中各盐渍土区 $TEC_{1:5}$ 与 $EC_{1:5}$ 换算关系方程分别代入
表 4.3 中相应的 S_t 与 $TEC_{1:5}$ 间经验换算公式，得到 S_t 与 $EC_{1:5}$ 的经
验公式，具体结果见表 4.5；同样，将表 4.2 中各公式分别代入表

表 4.4　土壤 1：5 土水比浸提液盐分质量总浓度（$TDS_{1:5}$）与盐分摩尔总浓度（$TEC_{1.5}$）间换算关系

盐渍土区域	方　程	n	r^2	P
滨海和海涂地区盐渍土	$TDS_{1:5}(\mathrm{g \cdot L^{-1}})$ $= 0.06 \times TEC_{1:5}(\mathrm{mmol_c \cdot L^{-1}})$	103	0.99	< 0.01
黄淮海平原盐渍土	$TDS_{1:5}(\mathrm{g \cdot L^{-1}})$ $= 0.064 \times TEC_{1:5}(\mathrm{mmol_c \cdot L^{-1}})$	82	0.99	< 0.01
东北松嫩平原盐渍土	$TDS_{1:5}(\mathrm{g \cdot L^{-1}})$ $= 0.068 \times TEC_{1:5}(\mathrm{mmol_c \cdot L^{-1}})$	94	0.90	< 0.01
半荒境内陆盐渍土	$TDS_{1:5}(\mathrm{g \cdot L^{-1}})$ $= 0.064 \times TEC_{1:5}(\mathrm{mmol_c \cdot L^{-1}})$	78	0.98	< 0.01
极端干旱漠境盐渍土	$TDS_{1:5}(\mathrm{g \cdot L^{-1}})$ $= 0.064 \times TEC_{1:5}(\mathrm{mmol_c \cdot L^{-1}})$	70	0.99	< 0.01

4.4 中的对应方程，得到 $TDS_{1:5}$ 与 $EC_{1:5}$ 的经验公式，具体结果见表 4.6。由表 4.5 和表 4.6 可知，$EC_{1:5}$ 换算 S_t 和 $TDS_{1:5}$ 的系数随盐渍土区域干旱程度的增加而逐渐提高。

表 4.5　土壤含盐量（S_t）与 1：5 土水比浸提液电导率（$EC_{1:5}$）换算关系

盐渍土区域	方　程	n	r^2	P
滨海和海涂地区盐渍区	$S_t(\mathrm{g \cdot kg^{-1}})$ $= 2.85 \times EC_{1:5}(\mathrm{mS \cdot cm^{-1}})$	103	0.99	< 0.01
黄淮海平原盐渍土	$S_t(\mathrm{g \cdot kg^{-1}})$ $= 3.39 \times EC_{1:5}(\mathrm{mS \cdot cm^{-1}})$	82	0.99	< 0.01
东北松嫩平原盐渍土	$S_t(\mathrm{g \cdot kg^{-1}})$ $= 3.33 \times EC_{1:5}(\mathrm{mS \cdot cm^{-1}})$	94	0.90	< 0.01
半荒境内陆盐渍土	$S_t(\mathrm{g \cdot kg^{-1}})$ $= 3.61 \times EC_{1:5}(\mathrm{mS \cdot cm^{-1}})$	78	0.98	< 0.01
极端干旱漠境盐渍土	$S_t(\mathrm{g \cdot kg^{-1}})$ $= 4.00 \times EC_{1:5}(\mathrm{mS \cdot cm^{-1}})$	70	0.99	< 0.01

表 4.6 土壤 1∶5 土水比浸提盐分质量总浓度（TDS$_{1∶5}$）与

电导率（EC$_{1∶5}$）换算关系

盐渍土区域	方　程	n	r^2	P
滨海和海涂地区盐渍区	$TDS_{1∶5}(g \cdot L^{-1})$ $= 0.57 \times EC_{1∶5}(mS \cdot cm^{-1})$	103	0.99	< 0.01
黄淮海平原盐渍土	$TDS_{1∶5}(g \cdot L^{-1})$ $= 0.68 \times EC_{1∶5}(mS \cdot cm^{-1})$	82	0.99	< 0.01
东北松嫩平原盐渍土	$TDS_{1∶5}(g \cdot L^{-1})$ $= 0.66 \times EC_{1∶5}(mS \cdot cm^{-1})$	94	0.90	< 0.01
半荒境内陆盐渍土	$TDS_{1∶5}(g \cdot L^{-1})$ $= 0.72 \times EC_{1∶5}(mS \cdot cm^{-1})$	78	0.98	< 0.01
极端干旱漠境盐渍土	$TDS_{1∶5}(g \cdot L^{-1})$ $= 0.80 \times EC_{1∶5}(mS \cdot cm^{-1})$	70	0.99	< 0.01

四、讨　论

本研究结果表明，土壤 S_t 或 $TDS_{1∶5}$ 与 $TEC_{1∶5}$ 的换算系数较为稳定，各盐渍土区域的换算系数基本相当，即 $TEC_{1∶5}$ 推算 S_t 和 $TDS_{1∶5}$ 的换算系数分别为 0.32 和 0.064。但是，$TEC_{1∶5}$ 与 $EC_{1∶5}$ 的换算系数在不同盐渍土区相差较大，总体而言，随区域干旱度的增加，换算系数逐渐提高，这可能与各区域土壤盐分组成有关。一般而言，随干旱程度的增加，土壤中 $CaSO_4$ 和 $CaCO_3$ 等微溶性和难溶性盐分含量会逐渐升高，尤其是半荒境内陆和极端干旱漠境区域，$CaSO_4$ 含量更高。因此，微溶性的 $CaSO_4$ 应该是导致我国不同盐渍土地区盐度指标换算关系存在差异的主要原因。具体分析内容详见第二节。

第二节　硫酸钙对土壤盐度指标换算关系的影响

一、研究意义

我国不同盐渍土区域的土壤盐度换算关系存在一定差异，导致这一现象的原因是值得深入研究的。一般而言，由我国滨海盐渍土区向内陆干旱、极端干旱区域过渡的过程中，由 $EC_{1:5}$ 推算 $TEC_{1:5}$ 的系数逐渐增大。其原因可能与土壤中微溶性盐分 $CaSO_4$ 含量有关。原因是，由滨海向内陆的过渡过程中，土壤中 $CaSO_4$ 含量逐渐增加。因此，本研究以南疆典型盐渍土为研究对象，以其含有较多微溶性盐分 $CaSO_4$ 为切入点，对这一科学问题进行细致研究与分析，旨在为相关研究提供理论基础。

二、材料与方法

用于分析的土壤数据为本章第一节中南疆地区的 70 份土样数据。

三、结果分析

1. 土壤基本性质

供试土样的基本化学性质见表 4.7。其中，$EC_{1:5}$ 的变化幅度为

表 4.7 南疆 70 份土壤样品 1 : 5 浸提液化学参数统计结果

	土壤含盐量 /g·kg^{-1}	电导率 /mS·cm^{-1}	$c(CO_3^{2-})$	$c(HCO_3^-)$	$c(SO_4^{2-})$	$c(Cl^-)$	$c(Ca^{2+})$	$c(Mg^{2+})$	$c(Na^+ + K^+)$
						mmoL$_c$·L^{-1}			
平均值	26.44	6.30	0	0.52	18.69	22.49	12.22	5.03	22.53
中 值	21.40	4.57	0	0.31	18.28	14.73	12.68	3.17	16.51
最小值	4.08	0.85	0	0.13	2.37	1.56	1.26	0.37	0.16
最大值	59.47	15.76	0	8.20	46.88	71.77	38.16	16.85	68.54

$0.85 \sim 15.76 \, \mathrm{mS \cdot cm^{-1}}$；$TEC_{1:5}$ 的变化幅度为 $11.24 \sim 196.76 \, \mathrm{mmol_c \cdot L^{-1}}$；$S_t$ 的最小值和最大值分别为 $4.08 \, \mathrm{g \cdot kg^{-1}}$ 和 $59.47 \, \mathrm{g \cdot kg^{-1}}$。土壤阴离子中，$SO_4^{2-}$ 及 Cl^- 占主导地位；就阳离子而言，$c(Na^+ + K^+)/c(Ca^{2+} + Mg^{2+}) > 1$。

2. 土壤 1∶5 浸提液 TEC 与 EC 的关系

土壤浸提液 $EC_{1:5}$ 与 $TEC_{1:5}$ 的关系见图 4.1，由图 4.1 可知，TEC 随 EC 的增加而增加，并且二者间存在极显著（$p < 0.01$）的线性关系，其方程为

$$TEC_{1:5}(\mathrm{mmol_c \cdot L^{-1}})$$

$$= 12.50 \times EC_{1:5}(\mathrm{mS \cdot cm^{-1}})(n = 70, \ r^2 = 0.94) \qquad (4\text{-}3)$$

式中　$TEC_{1:5}$——1∶5 浸提液电解质总浓度；

　　　$EC_{1:5}$——1∶5 浸提液电导率。

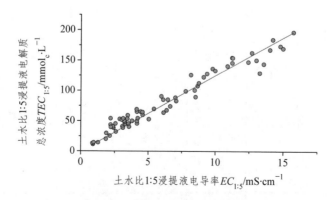

图 4.1　南疆盐渍土 1∶5 浸提液电解质总浓度（$TEC_{1:5}$）与
电导率（$EC_{1:5}$）的关系

3. 土壤浸提液 $TDS_{1:5}$ 与 $TEC_{1:5}$ 及 $EC_{1:5}$ 的换算关系

土壤浸提液 $TDS_{1:5}$ 与 $TEC_{1:5}$ 和 $EC_{1:5}$ 的关系见图 4.2,回归分析表明,$TDS_{1:5}$ 与 $TEC_{1:5}$ 和 $EC_{1:5}$ 间均存在极显著($p < 0.01$)的线性关系,对应的方程分别为:

$$TDS_{1:5}(\mathrm{g \cdot L^{-1}})$$

$$= 0.064 \times TEC_{1:5}(\mathrm{mmol_c \cdot L^{-1}})$$

$$(n = 70,\, p < 0.01,\, r^2 = 0.98) \qquad (4\text{-}4)$$

$$TDS_{1:5}(\mathrm{g \cdot L^{-1}})$$

$$= 0.796 \times EC_{1:5}(\mathrm{mmol_c \cdot L^{-1}})$$

$$(n = 70,\, p < 0.01,\, r^2 = 0.90) \qquad (4\text{-}5)$$

式中　$TDS_{1:5}$——浸提液可溶性固体浓度;

　　　$TEC_{1:5}$——浸提液电解质总浓度;

　　　$EC_{1:5}$——浸提液电导率。

就方程（4-5）而言,其也可以通过将式（4-3）代入式（4-4）计算获得,其结果为

$$TDS_{1:5}(\mathrm{g \cdot L^{-1}}) = 0.800 \times EC_{1:5}(\mathrm{mmol_c \cdot L^{-1}})$$

$$(4\text{-}6)$$

方程（4-6）与（4-5）非常接近。如果将方程（4-5）中的斜率 0.796 取两位有效数字,则其可近似为 0.80,与式（4-6）的斜率相同。因此,为了方便计算,在实际工作中可以直接使用式（4-6）。

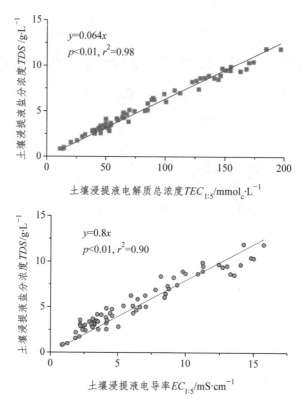

图 4.2 土壤 1：5 浸提液溶解性固体浓度（$TDS_{1:5}$）与
电解质总浓度（$TEC_{1:5}$）及电导率（$EC_{1:5}$）的关系

4. 土壤 S_t 与 $TEC_{1:5}$ 及 $EC_{1:5}$ 的换算关系

通过回归分析和计算的方法均可获得供试土样 S_t 与 $TEC_{1:5}$ 及
$EC_{1:5}$ 的关系方程。将方程（4-1）分别代入式（4-4）和式（4-6）得

$$S_t(\mathrm{g \cdot kg^{-1}}) = 0.32 \times TEC_{1:5}(\mathrm{mmol_c \cdot L^{-1}}) \tag{4-7}$$

$$S_t(\mathrm{g \cdot kg^{-1}}) = 4.00 \times EC_{1:5}(\mathrm{mS \cdot cm^{-1}}) \tag{4-8}$$

式中　S_t——土壤含盐量；

$TEC_{1:5}$，$EC_{1:5}$——浸提液的电解质总浓度和电导率。

通过实测数据建立的 S_t 与 $TEC_{1:5}$ 及 $EC_{1:5}$ 的回归方程与式（4-7）

和式（4-8）相同，并且，回归分析表明，两方程均具有极显著（ $p <$

0.01, $r^2 > 0.90$ ）的统计学意义。

四、讨　论

1. 浸提液 $EC_{1:5}$ 与 $TEC_{1:5}$ 的关系

本研究中，南疆盐渍土 $EC_{1:5}$ 与 $TEC_{1:5}$ 间的换算系数是 12.5，

这与国内外的其他研究结果有所不同。目前，美国、澳大利亚以及

我国的黄淮海平原和东北地区的盐渍土 EC 与 $TEC_{1:5}$ 的换算系数均

为 10 左右，即

$$TEC_{1:5}(\text{mmol}_c \cdot \text{L}^{-1}) \approx 10 \times EC_{1:5}(\text{mS} \cdot \text{cm}^{-1}) \tag{4-9}$$

在盐渍土相关研究中，方程（4-9）已被普遍证实并被广泛采用。

方程（4-3）斜率明显高于式（4-9）斜率的原因可能是南疆土壤中

含有大量的微溶性的 $CaSO_4$，以致其在 1∶5 浸提液中达到饱和状

态。在 $CaSO_4$ 的饱和溶液中存在如下电离平衡：

$$CaSO_4(\text{aq}) \rightleftharpoons Ca^{2+}(\text{aq}) + SO_4^{2-}(\text{aq})$$

上述反应表明：$CaSO_4$ 溶于水后，一部分以未电离的形式存在，

一部分以电离后的离子形式存在。而浸提液的 EC 与离子的浓度和

电荷价位有关，因此，就 $CaSO_4$ 而言，其对 $EC_{1:5}$ 的影响取决于的

Ca^{2+} 或 SO_4^{2-} 浓度。测定浸提液 $EC_{1:5}$ 时，其 Ca^{2+} 或 SO_4^{2-} 对应的浓

度可以称为实际浓度；但在测定 Ca^{2+} 或 SO_4^{2-} 浓度时（以滴定法为例），如果浸提液为 $CaSO_4$ 的饱和溶液，式（4-9）的平衡会向右进行，因而最终得到的 Ca^{2+} 或 SO_4^{2-} 浓度（可称之为测定浓度）要比实际浓度高。因此，最终通过加和的方式获得的 $TEC_{1:5}$ 要比浸提液实际的 $TEC_{1:5}$ 偏高。所以，拟合方程时，$TEC_{1:5}$（加和值）与 $EC_{1:5}$ 间的换算系数较实际情况偏高。

根据上述分析，如果在计算 $TEC_{1:5}$ 的加和值时能够消除 $CaSO_4$ 进一步电离产生的 Ca^{2+} 或 SO_4^{2-} 的影响，那么 $TEC_{1:5}$ 的加和值就应该等于其实际浓度。这样 $TEC_{1:5}$（加和值）与 $EC_{1:5}$ 间的换算系数就会符合实际情况。

在溶液中，当 $CaSO_4$ 溶解电离平衡后，其溶度积（K_{sp}）为常数，即：

$$K_{sp} = c(Ca^{2+}) \times c(SO_4^{2-}) \qquad （4-10）$$

式中　c 为离子浓度，$mmol \cdot L^{-1}$。

对于任意一个溶解-沉淀平衡，其离子浓度的乘积称为离子积（ion product，IP）。K_{sp}、IP 与溶解-沉淀平衡为

（1）$IP = K_{sp}$，溶液处于饱和状态，此时溶液中的沉淀与溶解达到动态平衡，既无沉淀析出又无沉淀溶解；

（2）$IP < K_{sp}$，溶液处于不饱和状态，溶液无沉淀析出，若加入难溶电解质，则会继续溶解；

（3）$IP > K_{sp}$，溶液处于过饱和状态，溶液会有沉淀析出。

因此,通过比较土壤浸提液 Ca^{2+} 与 SO_4^{2-} 的 IP 与 K_{sp} 的关系可以判断 Ca^{2+} 与 SO_4^{2-} 的测定浓度是否为其实际浓度。如果 $IP > K_{sp}$,说明 Ca^{2+} 与 SO_4^{2-} 的测定浓度高于其实际浓度,即存在反应平衡向右移动的情况。这时,可以通过计算的方法获得浸提液在测定时由 $CaSO_4$ 进一步电离产生的 Ca^{2+} 与 SO_4^{2-} 的浓度。其计算方程为

$$K_{sp} = [c(Ca^{2+}) - \Delta c] \times [c(SO_4^{2-}) - \Delta c] \qquad (4\text{-}11)$$

式中　　K_{sp}——$CaSO_4$ 的溶度积, $K_{sp} = 2.3422 \times 10^{-5}$;

　　　　c——离子浓度, $mol \cdot L^{-1}$;

　　　　Δc——以非离子态存在的 $CaSO_4$ 浓度, $mol \cdot L^{-1}$,其数值与

　　　　　　$CaSO_4$ 进一步电离产生的 Ca^{2+} 或 SO_4^{2-} 的浓度相等。

应用方程(4-11),对本研究中 Ca^{2+} 与 SO_4^{2-} 的 Δc 数值进行计算,并最终得到修正后的土壤浸提液摩尔浓度 $TEC'_{1:5}$,其计算方法为

$$TEC'_{1:5}(mmol_c \cdot L^{-1})$$

$$= TEC_{1:5}(mmol_c \cdot L^{-1}) - 2\Delta c(mol \cdot L^{-1})/1000 \qquad (4\text{-}12)$$

对 $TEC'_{1:5}$ 与 $EC_{1:5}$ 进行回归分析,结果表明,两者间存在极显著($p < 0.01$)的线性关系,其拟合方程为

$$TEC'_{1:5}(mmol_c \cdot L^{-1})$$

$$= 9.98 \times EC_{1:5}(mS \cdot cm^{-1})(n = 70,\ r^2 = 0.99) \qquad (4\text{-}13)$$

方程(4-13)和方程(4-9)非常接近,这说明上述分析是正确的。因此,当浸提液 $CaSO_4$ 浓度未饱和时,其对 $TEC_{1:5}$ 与 $EC_{1:5}$

的换算关系无影响；而当浸提液中 $CaSO_4$ 呈饱和状态时，其会使 $EC_{1:5}$ 推算 $TEC_{1:5}$ 的系数变大。

另外，将由方程（4-12）计算得到的 70 份供试土样浸提液的 $TEC'_{1:5}$ 的数据与根据方程（4-9）、（4-13）获得的计算值进行比较分析。T 检验表明，70 份土样浸提液由方程（4-12）得到的 $TEC'_{1:5}$ 平均值为 $62.94\,mmol_c \cdot L^{-1}$，式（4-9）计算值的平均值为 $62.99\,mmol_c \cdot L^{-1}$，式（4-13）计算值的平均值为 $61.73\,mmol_c \cdot L^{-1}$，三者之间不存在显著差异（$p = 0.01$），即可以认为三者来源于同一样本。因此，在实际工作中可以使用方程（4-9）代替方程（4-13）。

2. 浸提液 $TDS_{1:5}$ 与 $TEC_{1:5}$ 及 $EC_{1:5}$ 的关系

计算出 Δc 后可以获得浸提液中未电离的 $CaSO_4$ 的质量浓度，进而可以获得修正后的溶解性固体含量，$TDS'_{1:5}$，其计算公式为

$$TDS'_{1:5}(g \cdot kg^{-1})$$

$$= TDS_{1:5}(g \cdot kg^{-1}) - 136 \times \Delta c(mol \cdot L^{-1}) \qquad （4-14）$$

建立 $TDS'_{1:5}$ 与 $TEC'_{1:5}$ 间的线性方程，其表达式为

$$TDS'_{1:5}(g \cdot L^{-1})$$

$$= 0.064 \times TEC'_{1:5}(mmol_c \cdot L^{-1})(n = 70,\ r^2 = 0.99) \qquad （4-15）$$

式中 $TDS'_{1:5}$，$TEC'_{1:5}$——浸提液中以离子形式存在的溶解性固体和电解质的总浓度。

回归分析表明，方程（4-15）具有极显著（$p < 0.01$）的统计学意义。

方程（4-13）与方程（4-15）完全相同，并且与其他研究结果相一致。这说明土壤浸提液中 TDS 和其对应的 TEC 间的换算系数是比较稳定的，浸提液中非电离态 $CaSO_4$ 的存在没有对 TDS 和 TEC 的换算关系产生影响。

将方程（4-9）代入方程（4-15）得到 TDS' 和 $EC_{1:5}$ 的关系式，即

$$TDS'(\text{g} \cdot \text{L}^{-1}) = 0.64 \times EC_{1:5}(\text{mS} \cdot \text{cm}^{-1}) \tag{4-16}$$

式中 TDS'——以离子态存在的溶解性固体。

而在方程（4-5）中，TDS 代表全部的溶解性固体，包括离子态和非离子两部分。土壤浸提液 TDS 与 EC 的换算关系在以往的研究中曾有报道，其表达式为

$$TDS(\text{g} \cdot \text{L}^{-1}) = 0.64 \times EC(\text{mS} \cdot \text{cm}^{-1}) \ (EC < 5 \text{ mS} \cdot \text{cm}^{-1}) \tag{4-17}$$

$$TDS(\text{g} \cdot \text{L}^{-1}) = 0.80 \times EC(\text{mS} \cdot \text{cm}^{-1}) \ (EC \geqslant 5 \text{ mS} \cdot \text{cm}^{-1}) \tag{4-18}$$

方程（4-17）和（4-18）说明 TDS 与 EC 的换算关系受浸提液 EC 的影响。而在本研究中，尽管方程（4-16）与（4-17）、方程（4-6）与（4-18）的表达式相同，但其表达的意义与方程（4-17）和（4-18）有所不同。方程（4-16）表达的是浸提液中仅以离子状态存在的可溶性盐分与其电导率的换算关系；而方程（4-6）表达的是浸提液中全部可溶性固体（包括离子态和非离子态）与电导率的换算关系，

这说明影响 TDS 与 EC 换算系数的因素是土壤浸提液中 $CaSO_4$ 的浓度是否达到饱和；而且，本研究中 $EC_{1:5}$ 的变化幅度为 $0.85 \sim 15.76 \ mS \cdot cm^{-1}$，与方程（4-19）的 EC 范围有所差异，这说明浸提液的 EC 可能不是影响 TDS 与 EC 换算关系的因素。

综上所述，当浸提液 $CaSO_4$ 浓度未饱和时，采用方程（4-15）进行 $TDS_{1:5}$ 与 $EC_{1:5}$ 的换算；当浸提液 $CaSO_4$ 浓度达到饱和时，采用方程（4-6），由 $EC_{1:5}$ 推算 $TDS_{1:5}$。这与以往研究结果有所不同。

3. 土壤 S_t 与 $EC_{1:5}$ 的换算关系

通过上述分析可知，在本研究中，土壤浸提液的溶解性盐分包含离子态和非离子态两部分，其中离子态的盐分换算成土壤含盐量（ S_t' ）后其与 $EC_{1:5}$ 的关系可由方程（4-1）和（4-15）获得，即

$$S_t'(g \cdot kg^{-1}) = 3.2 \times EC_{1:5}(mS \cdot cm^{-1}) \ (n = 70, \ r^2 = 0.97) \qquad （4\text{-}19）$$

式中　　S_t'——浸提液中离子态盐分换算成的土壤含盐量；

$EC_{1:5}$——浸提液电导率。

本研究中，S_t' 与 $EC_{1:5}$ 的换算关系方程也可由供试土样的实测数据获得，其表达方式与式（4-19）相同，并且，回归分析表明，方程具有极显著（ $p < 0.01$ ）的统计学意义。

方程（4-8）的斜率为 4.0，这与蔡阿兴等的研究结果非常接近。由于式（4-8）的斜率高于方程（4-19）的斜率，其计算的土壤含盐量高于式（4-18）的计算结果，而高出的部分应为浸提液中未电离的 $CaSO_4$。这表明，当浸提液中 $CaSO_4$ 为非饱和态时，应采用方程

（4-19）计算土壤含盐量；当浸提液中 CaSO$_4$ 为饱和状态时，应采用方程（4-8）计算土壤含盐量。

五、结　论

根据本研究结果，可以得出以下结论：

（1）当土壤浸提液 CaSO$_4$ 为非饱和态时，其 $EC_{1:5}$ 推算 $TEC_{1:5}$、TDS 和 S_t 的换算关系式分别为

$$TEC_{1:5}(\text{mmol}_c \cdot L^{-1}) = 10 \times EC_{1:5}(\text{mS} \cdot \text{cm}^{-1}) \qquad （4-20）$$

$$TDS_{1:5}(\text{g} \cdot L^{-1}) = 0.64 \times EC_{1:5}(\text{mS} \cdot \text{cm}^{-1}) \qquad （4-21）$$

$$S_t(\text{g} \cdot \text{kg}^{-1}) = 3.2 \times EC_{1:5}(\text{mS} \cdot \text{cm}^{-1}) \qquad （4-22）$$

（2）当浸提液中 CaSO$_4$ 为饱和状态时，由于浸提液中存在 CaSO$_4$ 的电离平衡，测定 Ca^{2+} 或 SO$_4^{2-}$ 时引起未电离的 CaSO$_4$ 进一步电离，进而使浸提液中 Ca^{2+} 和 SO$_4^{2-}$ 浓度增加，最终导致由 $EC_{1:5}$ 推算 $TEC_{1:5}$、$TDS_{1:5}$ 和 S_t 的转换系数变大。

（3）对于南疆土壤而言，由于含有大量的微溶性 CaSO$_4$，因而其采用 $EC_{1:5}$ 快速推算 $TEC_{1:5}$、TDS 和 S_t 时，建议使用下列经验方程式：

$$TEC_{1:5}(\text{mmol}_c \cdot L^{-1}) = 12.5 \times EC_{1:5}(\text{mS} \cdot \text{cm}^{-1}) \qquad （4-23）$$

$$TDS_{1:5}(\text{g} \cdot L^{-1}) = 0.80 \times EC_{1:5}(\text{mS} \cdot \text{cm}^{-1}) \qquad （4-24）$$

$$S_t(\text{g} \cdot \text{kg}^{-1}) = 4.0 \times EC_{1:5}(\text{mS} \cdot \text{cm}^{-1}) \tag{4-25}$$

本章小结

本章对我国 5 大盐渍土区土壤盐度指标的换算关系进行了分析，结果表明：土壤含盐量（S_t）或盐分质量总浓度（$TDS_{1:5}$）与盐分摩尔总浓度（$TEC_{1:5}$）的换算系数较为稳定，各盐渍土区域的换算系数基本相等，即 $TEC_{1:5}$ 推算 S_t 和 $TDS_{1:5}$ 的换算系数分别为 0.32 和 0.064。但是，$TEC_{1:5}$ 与 1：5 土水比浸提液电导率（$EC_{1:5}$）的换算系数在不同盐渍土区相差较大，总体而言，随区域干旱度的增加换算系数逐渐提高。

以新疆南部典型盐渍土为研究对象，分析了微溶性盐分 $CaSO_4$ 对土壤盐度换算系数的影响。结果表明：浸提液 $CaSO_4$ 为非饱和态时，由 $EC_{1:5}$ 推算 $TEC_{1:5}$（$\text{mmol}_c \cdot \text{L}^{-1}$）、$TDS_{1:5}$（$\text{g} \cdot \text{L}^{-1}$）和 S_t（$\text{g} \cdot \text{kg}^{-1}$）的换算系数分别为 10.0、0.64 和 3.2；而当浸提液中 $CaSO_4$ 为饱和状态时，由于浸提液中存在 $CaSO_4$ 的电离平衡，测定 Ca^{2+} 或 SO_4^{2-} 时引起未电离的 $CaSO_4$ 进一步电离，进而使测定得到的 $TEC_{1:5}$ 数值较浸提液实际情况偏高，最终导致由 $EC_{1:5}$ 推算 $TEC_{1:5}$、$TDS_{1:5}$ 和 S_t 的转换系数变大，分别增加至 12.5、0.80 和 4.0。

参考文献

[1] 鲍士旦. 土壤农化分析[M]. 北京：中国农业出版社，2000.

[2] 贺锦喜，牛颖. 哲盟宜林地土壤电导率与可溶盐总量回归方程
的推导[J]. 内蒙古林业科技，1997，2：40-43.

[3] 刘广明，杨劲松，姚荣江. 影响土壤浸提液电导率的盐分化学
性质要素及其强度研究.土壤学报，2005，42（2）：247-252.

[4] 刘光崧. 土壤理化分析与剖面描述[M]. 北京：中国标准出版
社，1996.

[5] 石元春，李韵珠，陆锦文，等. 盐渍土的水盐运动[M]. 北京：
北京农业大学出版社，1986.

[6] 俞仁培，陈德明. 我国盐渍土资源及其开发利用[J]. 土壤通
报，1999，30（4）：158-159，177.

[7] 王豁. 电导法刚定土壤可溶盐分总量中离子组成对全盐计算
值的影响[J]. 甘肃农业科技，1980，6：14-17.

[8] 王遵亲，祝寿泉，俞仁培，等.中国盐渍土[M]. 北京：科学出
版社，1993.

[9] 张建旗，张继娜，杨虎德，等. 兰州地区土壤电导率与盐分含
量关系研究[J]. 甘肃林业科技，2009，34（2）：21-25.

[10] 张晓琴，刘虎俊，胡明贵. 电导法测定甘肃临泽小泉子地区土
壤含盐量探讨[J]. 甘肃林业科技，2000，25（1）：15-19.

[11] CHI C M, WANG Z C. Characterizing salt-affected soils of songnen plain using saturated paste and 1 : 5 soil-to-water extraction methods [J]. Arid Land Research and Management, 2010, 24: 1-11.

第五章　土壤盐度特征
方程参数验证

一、研究意义

使用盐渍化土壤的饱和浸提液电导率（EC_e）能够较为准确的判断土壤盐度状况（USDA，1954）。由于饱和浸提液的制备过程非常繁琐和费时（Chi and Wang，2010；Rhoades，1993；Zhang et al.，2005），因而人们建立了使用高土水比浸提液（1∶1、1∶2.5、1∶5等）电导率（EC）推算 EC_e 的经验方法。然而，高土水比浸提液 EC 推算 EC_e 的换算系数随盐渍土区域、盐分类型、土壤质地等因素的变化而改变。因此，不同地区需要建立不同的经验推算方程。

为了更为准确的推算 EC_e，吴月茹等（2011）提出一种非线性的 EC_s 与 θ_m 关系方程，其表达方式为

$$EC_s = EC_{1\,:\,1}\theta_m^\lambda$$

式中　　$EC_{1\,:\,1}$——土水比1∶1浸提液的电导率；

　　　　λ——经验常数；

θ_m——以小数形式表示的土水比。

本研究对该方程进行验证。并进一步推导和验证参数 λ 的经验表达式。

二、材料与方法

1. 供试土样

本试验使用 3 份土样，初步判断土壤质地分别为砂质、壤质和黏质。土样风干，过 2 mm 筛，备用。

2. 土壤饱和浸提液制备

饱和浸提液的制备参照美国盐土实验室的方法（USDA，1954）。取 250 g 土样，放入 500 mL 的塑料杯中，缓慢加入无二氧化碳的蒸馏水，边加水边搅拌，同时不断在实验台上震荡塑料杯，直至土壤完全饱和。饱和泥浆的判断标准：反射光线时，泥浆发亮；倾斜塑料杯时泥浆稍微流动。饱和泥浆静置 16 h，然后用布氏漏斗抽滤，得到饱和浸提液。重复 3 次。

3. 高土水比浸提液制备

分别制备土水比 1∶1、1∶2、1∶2.5、1∶3、1∶4、1∶5 的浸提液。制备 1∶1 浸提液时，取土 100 g 至 500 mL 的塑料杯中，缓慢加入无二氧化碳的蒸馏水，边加水边搅拌，同时不断在实验台上震荡塑料杯，静置 16 h，然后用布氏漏斗抽滤；制备其他土水比浸提液时，取土 10 g 至 250 mL 锥形瓶，按相应土水比例加入无二氧化碳的蒸馏水，在往复式振荡机上震荡 15 min（150～180 次·min^{-1}），静置 1 h，再振荡 5 min，然后用布氏漏斗抽滤，得到浸提液。重复 3 次。

4. 土壤饱和含水量与浸提液 EC 测定

土壤饱和含水量采用烘干法进行测定，首先称取铝盒质量（w_1），然后取少量制备好的饱和泥浆放入铝盒后称重（w_2），最后放入烘箱 105 ℃ 烘干至恒重（w_3）。计算得到土壤饱和含水量（w_s），计算公式为

$$\theta_s = \frac{w_2 - w_3}{w_3 - w_1} \times 1000 \qquad\qquad (5-1)$$

式中 θ_s——土壤质量饱和含水量，g·kg^{-1}。

土壤浸提液的 EC 均采用 DDS-307 型电导率仪测定。

三、结果与分析

1. 土壤饱和含水量与 EC_e

供试土样饱和含水量分别为 223.82（砂土）、328.34（壤土）和 433.46 g·kg^{-1}（黏土），土壤 EC_e 分别为 5.37、1.28 和 3.12 mS·cm^{-1}。

2. 浸提液 EC 随土水比变化情况

土壤浸提液 EC 随土水比变化情况见图 5.1。由图 5.1 可知，EC

随土水比的增大而降低。由于土水比也可以看作是土壤质量含水量的间接表示方法，因此采用符号 θ 代表土水比。回归分析表明，EC 与 θ 间存在显著的幂函数关系，即土壤盐度特征方程为

$$EC = a\theta^{\lambda} \tag{5-2}$$

式中　　EC——浸提液电导率，$\text{mS} \cdot \text{cm}^{-1}$；

　　　　θ——土水比（小数形式）；

　　　　a，λ——经验参数。

本书 3 份供试土样 EC 与 θ 关系方程拟合结果见表 5.1。经显著性检验，方程均具有极显著（$p < 0.01$）的统计学意义。

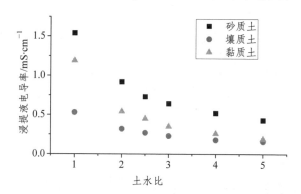

图 5.1　浸提液电导率与土水比关系

表 5.1　土壤浸提液电导率与土水比关系方程的参数拟合结果

土壤编号	土壤质地	拟合参数				
		a	λ	r^2	n	p
1	砂　土	1.548	-0.795	0.998	6	< 0.01
2	壤　土	0.534	-0.761	0.998	6	< 0.01
3	黏　土	1.203	-1.123	0.998	6	< 0.01

由于方程（5-2）θ为以小数形式表示的土水比，因此，当土水比为 1：1 时，$\theta = 1$。此时，方程（5-2）的表示形式为

$$EC_{1:1} = a \qquad\qquad （5-3）$$

因此，a 应为 1：1 浸提液的 EC（$EC_{1:1}$）。3 份土样实测 $EC_{1:1}$ 分别为 1.54、0.53 和 1.19 mS·cm^{-1}，而对应的拟合 a 值分别为 1.548、0.534 和 1.203。拟合值与实测值非常接近，这说明方程的拟合结果十分理想。因此，土壤盐度特征方程可以写成

$$EC = EC_{1:1} \times \theta^{\lambda} \qquad\qquad （5-4）$$

式中　EC ——土壤浸提液电导率，mS·cm^{-1}；

　　　$EC_{1:1}$——土水比 1：1 浸提液的电导率，mS·cm^{-1}；

　　　θ——土水比以小数形式表示的土壤含水量；

　　　λ——经验参数。

3．使用土壤盐度特征方程推算 EC_e

分别将 1、2 和 3 号土样的 $EC_{1:1}$ 和以小数形式表示的 θ_s 代入方程（5-4），得到砂土、壤土和黏土 EC_e 的推算值（表 5.2）。由表 5.2 可知，2 号和 3 号土样实测值与推算值的相对误差均小于 5%，1 号土样实测值与推算值的相对误差小于 6%。因此，EC_e 的推算结果十分理想。

表 5.2　土壤饱和浸提液电导率（EC_e）实测值与推算值比较

土壤编号	EC_e 实测值	EC_e 推算值	相对误差/%
1	5.37	5.06	− 5.77
2	1.28	1.24	− 3.13
3	3.12	3.04	− 2.56

4. 参数 λ 的推算方法

当 EC_s 分别为 $EC_{1:5}$ 和 $EC_{1:2.5}$ 时，可得

$$EC_{1:5} = a \times 5^{\lambda} \tag{5-5}$$

$$EC_{1:2.55} = a \times 2.5^{\lambda} \tag{5-6}$$

求解方程（5-5）和（5-6）组成的方程组，可得

$$\lambda = (\ln EC_{1:5} - \ln EC_{1:2.5}) / \ln 2 \tag{5-7}$$

$$a = EC_{1:5} / 5^{\lambda} \tag{5-8}$$

将方程（5-7）和（5-8）代入方程（5-4）得

$$EC_s = \frac{EC_{1:5}}{5^{(\ln EC_{1:5} - \ln EC_{1:2.5}) / \ln 2}} \times \theta_s^{(\ln EC_{1:5} - \ln EC_{1:2.5}) / \ln 2} \tag{5-9}$$

式中　EC_s——土壤溶液电导率，$mS \cdot cm^{-1}$；

　　$EC_{1:5}$，$EC_{1:2.5}$——1：5 和 1：2.5 土水比浸提液电导率，

　　　　　　　　　　$mS \cdot cm^{-1}$；

　　θ_s——土壤含水量，$kg \cdot kg^{-1}$。

由方程（5-7）和（5-8）计算得到的 λ 和 a 列于表 5.3。由表 5.3

可见，计算值与拟合值差异很小。另外，3 份土样使用 $EC_{1:2.5}$、
$EC_{1:5}$ 和测定的饱和含水量推算得到的 EC_e 分别为 4.61、1.25 和
3.98 mS·cm^{-1}，与实测值 5.37、1.28 和 3.12 mS·cm^{-1} 相差不大，
可以用于土壤盐度的定性判断。

表 5.3　土壤盐度特征方程参数拟合值与计算值比较

土壤编号	拟合 a 值	计算 a 值	拟合 λ 值	计算 λ 值
1	1.548	1.470	−0.795	−0.764
2	0.534	0.539	−0.761	−0.755
3	1.203	1.407	−1.123	−1.244

四、讨论与结论

本文研究结果表明，随土水比（θ）的不断升高，土壤浸提液 EC
值逐渐下降，但 EC 与 θ 间并非呈线性关系。土壤浸提液 EC 与 θ 间
存在极显著的幂函数关系，即土壤盐度特征方程，其形式为

$$EC = EC_{1:1} \times \theta^{\lambda} \qquad (5-10)$$

基于土壤盐度特征方程，EC_e 的推算公式为

$$EC_e = EC_{1:1} \times \theta_s^{\lambda} \qquad (5-11)$$

方程（5-11）中，$EC_{1:1}$ 和 θ_s 均是实测值，因此影响 EC_e 推算准
确性的因素是 λ 值。为了获得较为准确的 λ 值，实验室测定时，应
使用 3 个或更多不同土水比的土壤浸提液电导率进行回归分析。

同时，我国普遍采用土水比 1∶5 浸提液测定土壤含盐量和盐分浓度，采用土水比 1∶2.5 浸提液测定土壤 pH（鲍士旦，2000；刘光崧，1996）。因此，可以采用 $EC_{1:2.5}$ 和 $EC_{1:5}$ 推算土壤盐度方程参数，即采用方程（5-9）推算不同土壤含水量条件下的电导率。进而，可以采用方程：

$$\psi_s(\mathrm{kPa}) = -50EC_s(\mathrm{mS \cdot cm^{-1}}) \qquad （5\text{-}12）$$

推算土壤溶液的渗透势（ ψ_s ），进而判断土壤盐害情况。

本章小结

本章首先对吴月茹等提出的土壤盐度（电导率）方程 $EC = a\theta^\lambda$ 的系数进行了验证。其中 a 为土水比 1∶1 浸提液电导率。进一步提出并验证了采用 $EC_{1:2.5}$ 和 $EC_{1:5}$ 推算参数 a 和 λ 的计算公式。因此，在测定 $EC_{1:2.5}$ 和 $EC_{1:5}$ 情况下可采用方程

$$EC_s = \frac{EC_{1:5}}{5^{(\ln EC_{1:5} - \ln EC_{1:2.5})/\ln 2}} \times \theta_s^{(\ln EC_{1:5} - \ln EC_{1:2.5})/\ln 2} \qquad （5\text{-}9）$$

推算不同含水量情况下的土壤溶液 EC_s ，进而判断土壤盐度随土壤含水量的变化情况。

参考文献

[1] 鲍士旦. 土壤农化分析[M]. 北京：中国农业出版社，2000：178-200.

[2] 刘光崧. 土壤理化分析与剖面描述 [M]. 北京：中国标准出版社，1996：45-49，196-211.

[3] 吴月茹，王维真，王海兵，等. 采用新电导率指标分析土壤盐分变化规律[J]. 2011，48（4）：869-873.

[4] CHI C M，WANG Z C. Characterizing salt-affected soils of songnen plain using saturated paste and 1∶5 soil-to-water extract methods[J]. Arid Land Research and Management，2010，24（1）：1-11.

[5] USDA. Diagnoses and improvement of saline and alkali soils. Agric. Handbook No. 60[M]. Riverside：United Sates Salinity Laboratory. 1954.

[6] RHOADES J D. Electrical conductivity methods for measuring and mapping soil salinity[J]. Advances in Agronomy，1993，49：201-251.

[7] ZHANG H，SCHRODER J L，PITTMAN J J，et al. Soil Salinity Using Saturated Paste and 1∶1 soil to water extracts[J]. Soil Science Society of America Journal，2005，69：1146-1151.

第六章 基于统一土壤含盐量标准的我国土壤盐度分级初探

一、研究意义

目前，我国土壤盐度分级采用土壤含盐量作为标准（蔡阿兴，等，1997；王遵亲，等，1993）。总体而言，土壤盐度等级分为非盐化、轻度盐化、中度盐化、重度盐化和盐土 5 个等级（王遵亲，等，1993）。但是，对应不同地区和不同盐分组成而言，各等级的具体判断阈值并不相同（王遵亲，等，1993）。因此，在判断土壤盐化等级时，除测定土壤含盐量外，还必须测定土壤盐分组成，以便确定土壤盐分类型，进而才能准确判断土壤盐化等级（王遵亲，等，1993），这大大增加了实验测定的工作量。因此，如果能够建立不依靠土壤盐分组成，仅依据土壤含盐量的全国统一的土壤盐度分级标准，这对实践工作具有重要意义。

由我国土壤盐度分级标准和盐分组成间的关系分析可以发现，半荒漠和荒漠地区盐度判断阈值高于干旱和半干旱地区，其主要原因是这些地区土壤盐分组成以硫酸盐为主（王遵亲，等，1993），土

壤中含有大量的微溶性硫酸钙。当土壤水分处于田间状态时，$CaSO_4$
溶于土壤水中较少，但当以 1∶5 土水比浸提液溶解土壤盐分时，更
多的 $CaSO_4$ 溶解于水中，最终导致采用 1∶5 土水比浸提液测定的
可溶性盐分含量较田间状态时高。而盐分对作物产生危害是以田间
状态为准的。因此，如果土壤中含有过量的 $CaSO_4$ 会导致划分土壤
盐害等级的含盐量阈值偏高。基于此，如果将 1∶5 土水比浸提液浸
提土壤盐分时多溶解出的 $CaSO_4$ 通过计算的方法去除掉，那么，是
否可以建立基于统一含盐量的土壤盐度分级标准？本文以农一师典
型硫酸盐盐渍土为研究对象，探讨该方法的可行性，旨在为相关研
究提供理论基础与借鉴。

二、材料与方法

1. 供试土壤

供试土样取自新疆生产建设兵团农一师六团、十团、十二团的
胡杨林及盐碱荒地，共 50 份土样。土样带回实验室后风干，过 2 mm
筛，备用。

2. 土壤浸提液的制备

实验使用土水比 1∶5 浸提液。其制备方法参照美国盐土实验
室的方法（USDA，1954）。准确称取土样 50.0 g，放入 500 mL 干
燥锥形瓶内，用量筒准确加入 250 mL 无二氧化碳的蒸馏水，加塞，

震荡 15 min（150～180 次·min^{-1}）。静置 1 h，再振荡 5 min。过滤，得到浸提液。

3. 测试项目

（1）可溶性盐离子

Cl^- 使用硝酸银滴定法，CO_3^{2-} 和 HCO_3^- 使用双指示剂-中和滴定法，SO_4^{2-} 采用 EDTA 间接滴定法（鲍士旦，2000）；Ca^{2+} 和 Mg^{2+} 采用 EDTA 滴定法，Na^+ 和 K^+ 采用火焰光度法（刘光崧，1996）。

（2）土壤含盐量与可溶性固体浓度

土壤含盐量（S_t）采用下列计算法（鲍士旦，2000），其计算公式为

$$S_t(g \cdot kg^{-1}) = 5 \times TDS(g \cdot L^{-1}) \qquad (6-1)$$

式中　　S_t——土壤含盐量；

$TDS_{1:5}$——1：5 浸提液可溶性盐质量浓度，即浸提液中八大

盐分离子质量浓度之和。其计算公式为

$$TDS_{1:5} = c(Ca^{2+}) + c(Mg^{2+}) + c(K^+) + c(Na^+) + c(Cl^-) +$$
$$c(SO_4^{2-}) + c(CO_3^{2-}) + c(HCO_3^-) \qquad (6-2)$$

三、结果与分析

1. 土壤基本性质

供试土样的基本化学性质见表 6.1。其中，$EC_{1:5}$ 的变化幅度为

表 6.1 南疆 50 份土壤样品 1∶5 浸提液化学参数统计结果

	含盐量 /g·kg^{-1}	电导率 /mS·cm^{-1}	$c(CO_3^{2-})$	$c(HCO_3^-)$	$c(Cl^-)$	$c(SO_4^{2-})$	$c(Ca^{2+})$	$c(Mg^{2+})$	$c(K^+)$	$c(Na^+)$
					mmol$_c$·L^{-1}					
平均值	8.58	2.02	0	8.13	13.97	6.46	5.29	5.37	1.10	26.09
最小值	0.9	0.1	0	0.460	0.62	0.21	0.60	0.2	0.11	0.52
最大值	89.7	18	0	108.2	185.92	26.88	34.0	53.33	10.27	339.13

$0.85 \sim 15.76\ mS \cdot cm^{-1}$；$TEC_{1:5}$ 的变化幅度为 $11.24 \sim 196.76\ mmol_c \cdot L^{-1}$；$S_t$ 的最小值和最大值分别为 $4.08\ g \cdot kg^{-1}$ 和 $59.47\ g \cdot kg^{-1}$。土壤阴离子中，SO_4^{2-} 及 Cl^- 占主导地位；就阳离子而言，$c(Na^+ + K^+)/c(Ca^{2+} + Mg^{2+}) > 1$。

2. 土水比 1:5 浸提液 $CaSO_4$ 溶解情况分析

供试土样 Ca^{2+} 和 SO_4^{2-} 浓度的测定结果见表 6.2。同时，Ca^{2+} 和 SO_4^{2-} 的乘积，离子积（ion product，IP）也列于表 6.2。由表 6.2 可知，供试 50 份土样中 26 份土样的 Ca^{2+} 和 SO_4^{2-} 的 IP 大于 2.3422×10^{-5}。说明供试土样 1:5 土水比浸提液的 $CaSO_4$ 处于过饱和状态，说明浸提液中会有沉淀析出。然而，实际浸提液中并未发现沉淀。这是因为，实际的 1:5 土水比浸提液应该处于 $CaSO_4$ 饱和状态，即浸提液中存在如下电离平衡

$$CaSO_4(aq) \rightleftharpoons Ca^{2+}(aq) + SO_4^{2-}(aq)$$

此时，Ca^{2+} 或 SO_4^{2-} 对应的浓度可以称为实际浓度；但在测定 Ca^{2+} 或 SO_4^{2-} 浓度时（以滴定法为例），由于浸提液中 Ca^{2+} 或 SO_4^{2-} 浓度降低，上述反应平衡会向右移动，因而最终得到的 Ca^{2+} 或 SO_4^{2-} 浓度（可称之为测定浓度）要比实际浓度高。

表 6.2　Ca^{2+} 和 SO_4^{2-} 浓度及其离子积

编号	浓度/mol·L⁻¹		离子积	编号	浓度/mol·L⁻¹		离子积	编号	浓度/mol·L⁻¹		离子积
	Ca^{2+}	SO_4^{2-}	10^{-5}		Ca^{2+}	SO_4^{2-}	10^{-5}		Ca^{2+}	SO_4^{2-}	10^{-5}
1	5.33	4.80	2.56	18	3.25	1.60	0.52	35	45.17	25.60	115.63
2	8.17	4.00	3.27	19	4.08	4.00	1.63	36	22.75	30.00	68.25
3	10.58	5.20	5.50	20	4.50	6.20	2.79	37	38.25	30.00	114.75
4	6.08	3.20	1.95	21	7.33	4.00	2.93	38	32.58	30.00	97.75
5	1.67	2.00	0.33	22	4.08	3.20	1.31	39	33.42	36.00	120.30
6	0.83	2.00	0.17	23	4.92	1.60	0.79	40	40.75	34.00	138.55
7	5.33	1.60	0.85	24	3.25	2.00	0.65	41	13.83	11.00	15.22
8	7.75	3.20	2.48	25	5.33	2.00	1.07	42	10.58	11.00	11.64
9	1.67	2.40	0.40	26	2.83	1.60	0.45	43	2.42	1.22	0.29
10	7.33	3.60	2.64	27	6.92	2.80	1.94	44	35.83	24.00	86.00
11	6.92	2.40	1.66	28	7.75	4.40	3.41	45	53.75	68.00	365.50
12	0.83	1.60	0.13	29	9.00	4.80	4.32	46	11.33	8.60	9.75
13	0.42	2.00	0.08	30	2.83	1.20	0.34	47	29.33	24.00	70.40
14	4.08	1.60	0.65	31	6.08	4.00	2.43	48	2.42	10.20	2.47
15	2.83	2.40	0.68	32	12.75	8.60	10.97	49	10.58	2.00	2.12
16	2.42	2.80	0.68	33	52.00	44.60	231.92	50	4.08	2.00	0.82
17	4.92	3.20	1.57	34	45.17	37.20	168.02				

3. 土壤含盐量的修正

前述分析说明 1∶5 土水比浸提液 Ca^{2+} 或 SO_4^{2-} 测定浓度高于实际浓度。这时，可以通过计算的方法获得浸提液在测定时由 $CaSO_4$ 进一步电离产生的 Ca^{2+} 与 SO_4^{2-} 的浓度。其计算方程为

$$K_{sp} = [c(Ca^{2+}) - \Delta c] \times [c(SO_4^{2-}) - \Delta c] \qquad (6\text{-}3)$$

式中　　K_{sp}——$CaSO_4$ 的溶度积，$K_{sp} = 2.3422 \times 10^{-5}$（Pasuik，1992）；

c——离子浓度，$mol \cdot L^{-1}$；

Δc——以非离子态存在的 $CaSO_4$ 浓度，$mol \cdot L^{-1}$，其数值与

$CaSO_4$ 进一步电离产生的 Ca^{2+} 或 SO_4^{2-} 的浓度相等。

对 26 份土样经计算修正后，土壤可溶性盐含量见表 6.3。由表 6.3 可知，修正后的 S_t 明显小于修正前的 S_t。

表 6.3　修正后的土壤含盐量

编号	含盐量/$g \cdot kg^{-1}$		差值	编号	含盐量/$g \cdot kg^{-1}$		差值	编号	含盐量/$g \cdot kg^{-1}$		差值
	修正前	修正后			修正前	修正后			修正前	修正后	
1	1.6	1.45	0.15	10	3	2.94	0.06	19	21.13	1.75	19.38
2	2.5	1.95	0.55	11	3.81	0.13	3.68	20	5.4	0.39	5.01
3	2.8	1.20	1.60	12	34.9	6.20	28.70	21	6	1.96	4.04
4	2.2	2.11	0.09	13	24.5	0.76	23.74	22	20.8	5.66	15.14
5	2.3	2.11	0.19	14	21.2	4.56	16.64	23	48.4	12.86	35.54
6	2.5	2.20	0.30	15	89.7	75.88	13.82	24	4.2	0.84	3.36
7	2.2	1.83	0.37	16	35.7	16.82	18.88	25	14.7	0.33	14.37
8	1.9	1.25	0.65	17	24.5	6.63	17.87	26	4.2	4.13	0.07
9	1.9	0.80	1.10	18	35.2	15.01	20.19				

四、讨　论

1. 田间状态土壤含盐量的推算

上述实验结果表明，$CaSO_4$ 含量较高的土壤中，在 1∶5 土水比浸提液中存在 $CaSO_4$ 饱和现象。如果在田间状态下，土壤含水量远远低于 1∶5 土水比，因此，其可溶性盐含量应低于 1∶5 浸提液测定的含盐量结果。对于田间状态下的 S_t，可以采用下列方法进行计算

$$S_t = TDS_s \times \theta_s \qquad\qquad (6\text{-}4)$$

式中　S_t——土壤含盐量，$g \cdot kg^{-1}$；

TDS_s——田间土壤溶液可溶性盐质量浓度，$g \cdot L^{-1}$；

θ_s——土壤含水量 $kg \cdot kg^{-1}$。

TDS_s 可由公式计算

$$TDS_s = 0.64 EC_s \qquad\qquad (6\text{-}5)$$

式中　EC_s——土壤溶液电导率，$mS \cdot cm^{-1}$），其计算公式为

$$EC_s = \frac{EC_{1:5}}{5^{(\ln EC_{1:5} - \ln EC_{1:2.5})/\ln 2}} \times \theta_s^{(\ln EC_{1:5} - \ln EC_{1:2.5})/\ln 2} \qquad (6\text{-}6)$$

式中　EC_s——土壤溶液电导率，$mS \cdot cm^{-1}$；

$EC_{1:5}$，$EC_{1:2.5}$——1∶5 和 1∶2.5 土水比浸提液电导率，

$$mS \cdot cm^{-1}；$$

θ_s——土壤含水量，$kg \cdot kg^{-1}$。

一般情况下，θ_s 取 0.20 kg·kg^{-1}。其理由为：为了保证土壤具有适宜的疏松状态和水、气比例，土壤固、液、气三项体积比接近 2:1:1。这种情况下，按土壤密度为 2.65 g·cm^{-3} 计算，土壤容重应为 1.325 g·cm^{-3}，体积含水量为 0.25，θ_s 为 0.19 kg·kg^{-1}。为了便于计算，将 θ_s 取 0.20 kg·kg^{-1}。因此，S_t 的计算公式为

$$S_t = \frac{EC_{1:5}}{5^{(\ln EC_{1:5} - \ln EC_{1:2.5})/\ln 2}} \times 0.2^{1 + (\ln EC_{1:5} - \ln EC_{1:2.5})/\ln 2} \qquad (6\text{-}7)$$

式中　　S_t——土壤含盐量，g·kg^{-1}；

$EC_{1:5}$，$EC_{1:2.5}$——1:5 和 1:2.5 土水比浸提液电导率，

mS·cm^{-1}；

0.2——土壤含水量，kg·kg^{-1}。

基于方程（6-7）对另外 48 份土壤样品的田间状态下 S_t 进行了计算。同时，对 1:5 土水比浸提液方法获取的 S_t 也进行了估算，其计算公式为

$$S_t = 4.0 \times EC_{1:5} \qquad (6\text{-}8)$$

式中　　S_t——土壤含盐量，g·kg^{-1}；

$EC_{1:5}$——1:5 土水比浸提液电导率，mS·cm^{-1}。

两种方法计算得到的 S_t 结果均列于表 6.4。由表 6.4 可知，田间状态下的 S_t 含量明显低于 1:5 土水比方法获得的 S_t。

2. 基于统一含盐量标准的土壤盐度分级体系

表 6.4 的分析结果表明，富含硫酸钙的盐渍土，其田间实际状

态的可溶性盐含量明确低于 1：5 土水比方法测定的结果。而我国土
壤盐度分级标准中，采用 1：5 土水比方法获取 S_t 时，硫酸盐含量
较高的盐渍土其盐度等级划分阈值明显偏高（表 6.5）。

表 6.4 土壤含盐量

编号	含盐量/g·kg⁻¹			编号	含盐量/g·kg⁻¹			编号	含盐量/g·kg⁻¹		
	田间状态	1：5土水比	差值		田间状态	1：5土水比	差值		田间状态	1：5土水比	差值
1	0.84	1.88	1.56	17	0.45	0.52	0.07	33	4.17	7.44	3.27
2	7.35	14.04	6.69	18	2.20	4.32	2.12	34	5.54	10.04	4.50
3	4.25	12.16	7.91	19	12.38	17.44	5.06	35	4.18	9.36	5.67
4	0.67	0.92	0.25	20	10.11	21.88	11.77	36	4.02	8.92	4.90
5	4.16	6.40	0.65	21	1.11	3.80	2.69	37	6.04	14.72	8.68
6	2.62	5.24	3.58	22	9.14	13.04	9.91	38	6.96	15.16	8.20
7	0.45	0.52	0.07	23	0.80	1.80	1.00	39	7.04	15.56	8.52
8	10.40	20.8	10.44	24	1.29	4.12	2.83	40	8.43	17.48	9.05
9	5.18	8.20	3.02	25	0.96	1.80	0.42	41	7.36	18.24	10.88
10	8.33	11.32	7.58	26	1.04	2.16	1.84	42	9.46	19.12	9.66
11	1.92	2.40	0.22	27	0.51	0.64	0.13	43	9.28	19.88	10.60
12	9.30	17.20	7.90	28	0.88	1.60	0.72	44	7.31	12.36	5.05
13	0.60	1.04	0.44	29	0.98	2.04	1.35	45	7.33	12.68	5.35
14	0.51	0.64	0.13	30	0.99	2.00	1.01	46	4.53	12.84	8.31
15	0.24	0.40	0.16	31	4.06	7.00	4.95	47	0.75	1.36	0.61
16	0.24	0.52	0.28	32	2.87	5.08	2.21	48	0.86	1.52	0.66

表 6.5 中国土壤盐度分级

盐度等级及 使用地区		含盐量/g·kg^{-1}				盐渍类型
		非盐化	轻度	中度	强度	盐土	
Ⅰ	滨海、半湿润、半干旱、干旱区	< 1	1 ~ 2	2 ~ 4	4 ~ 6(10)	> 6(10)	$HCO_3^- + CO_3^{2-}$, $SO_4^{2-} + Cl^-$
Ⅱ	半漠境及漠境区	< 2	2 ~ 3(4)	3 ~ 5(6)	5(6) ~ 10(20)	> 10(20)	$Cl^- + SO_4^{2-}$ $SO_4^{2-} + Cl^-$

根据本研究结果，如果采用田间状态 S_t，其盐度等级划分阈值可以降低，那么，是否可以采用统一的含盐量标准划分土壤盐度等级？为此，对表 6.4 的结果进行土壤盐度等级划分。具体方法为，对田间状态 S_t 采用表 6.5 中 Ⅰ 类较低阈值的划分标准，即：非盐化，$S_t < 1.0\ g·kg^{-1}$；轻度盐化，$1.0 \leqslant S_t < 2.0\ g·kg^{-1}$；中度盐化，$2.0 \leqslant S_t < 4.0\ g·kg^{-1}$；强度盐化，$4.0 \leqslant S_t < 6.0\ g·kg^{-1}$；盐土，$S_t \geqslant 6.0\ g·kg^{-1}$。记录田间状态 S_t 在上述 5 个盐度等级区间的变化幅度，结果列于表 6.6；同时记录田间状态 S_t 各区间所对应的土水比 1∶5 浸提液 S_t 变化幅度（表 6.6），然后将 5 个等级下 1∶5 浸提液 S_t 变化幅度与表 6.5 中 Ⅱ 类盐度等级划分区间进行对比。由表 6.6 可知，各盐度区间 1∶5 浸提液 S_t 变化幅度与表 6.5 中 Ⅱ 类盐度等级划分区间 S_t 变化幅度基本相同。这表明，采用统一的含盐量标准划分土壤盐度等级是可行的。

表 6.6 基于田间状态含盐量供试土样的盐度分级

	含盐量/g·kg^{-1}				
	非盐化	轻 度	中 度	强 度	盐 土
田间状态	0.24~0.99	1.04~1.92	2.05~2.87	4.02~5.18	6.04~12.38
1:5 土水比	0.4~2.04	2.16~4.12	4.32~5.28	6.40~12.84	12.36~21.88
土样数量	16	4	3	9	16

五、结 论

（1）由于硫酸钙是微溶性盐分，当其在土壤中大量存在时，使用 1:5 土水比浸提液，土壤盐分会导致提取的硫酸钙含量高于田间土壤状态，因此，导致硫酸盐含量较高的土壤其盐度划分等级的阈值偏高。

（2）在测定 $EC_{1:5}$ 和 $EC_{1:2.5}$ 的情况下，可以采用计算的方法获得土壤田间含水量状态下的含盐量，其计算方程为

$$S_{\mathrm{t}} = \frac{EC_{1:5}}{5^{(\ln EC_{1:5} - \ln EC_{1:2.5})/\ln 2}} \times 0.2^{1+(\ln EC_{1:5} - \ln EC_{1:2.5})/\ln 2}$$

式中　S_{t}——土壤含盐量，g·kg^{-1}；

　　　$EC_{1:5}$，$EC_{1:2.5}$——1:5 和 1:2.5 土水比浸提液电导率，

　　　　　　　　mS·cm^{-1}；

　　　0.2——土壤含水量，kg·kg^{-1}。

（3）使用田间状态土壤含盐量可以采用统一的盐度分级标准划分土壤盐度等级。基于统一含盐量的土壤盐度分级标准详见表 6.7。

表 6.7　统一含盐量标准的土壤盐度分级体系

指　标	非盐化	轻　度	中　度	强　度	盐土
含盐量/g·kg^{-1}	< 1	1～2	2～4	4～6	>6

本章小结

对 50 份硫酸盐-氯化物或氯化物-硫酸盐型盐渍土可溶性盐含量（S_t）和 Ca^{2+}、SO_4^{2-} 的溶解情况进行分析。结果表明：由于土壤中含有大量的硫酸钙，采用 1∶5 土水比浸提液提取土壤盐分时，土水比例过高，导致其测定的 S_t 要高于田间含水量状态下的 S_t。这是我国土壤盐度分级时硫酸盐-氯化物或氯化物-硫酸盐型盐渍土阈值偏高的主要原因。本研究通过下列公式

$$S_t = \frac{EC_{1:5}}{5^{(\ln EC_{1:5} - \ln EC_{1:2.5})/\ln 2}} \times 0.2^{1+(\ln EC_{1:5} - \ln EC_{1:2.5})/\ln 2}$$

计算获得田间状态的 S_t，并以该 S_t 值为标准，建立了统一的土壤盐度分级标准，即：非盐化，$S_t < 1.0\ \mathrm{g·kg^{-1}}$；轻度盐化，$1.0 \leqslant S_t < 2.0\ \mathrm{g·kg^{-1}}$；中度盐化，$2.0 \leqslant S_t < 4.0\ \mathrm{g·kg^{-1}}$；强度盐化，$4.0 \leqslant S_t < 6.0\ \mathrm{g·kg^{-1}}$；盐土，$S_t \geqslant 6.0\ \mathrm{g·kg^{-1}}$。使用另外 48 份土壤样品数据对该分级方法进行验证，结果表明该方法盐度分级判断结果与传统盐度分级判断结构相一致，证明该方法是可行的。

参考文献

[1]　鲍士旦. 土壤农化分析[M]. 北京：中国农业出版社，2000.

[2]　蔡阿兴，陈章英，将正琦，等. 我国不同盐渍地区盐分含量与
电导率的关系[J]. 土壤，1997，1：54-57.

[3]　刘光崧. 土壤理化分析与剖面描述[M]. 北京：中国标准出版
社，1996.

[4]　王遵亲，祝寿泉，俞仁培，等. 中国盐渍土[M]. 北京：科学
出版社，1993.

[5]　PASUIK B W，BRONIKOWSKI T，UEJCZYK M. Mechanics and
kinetics of autoxidation of calcium sulfite slurries[J]. Environmental
Science and Technology，1992，26（10）：1976-1981.